南京水利科学研究院出版基金资助出版

枢纽非恒定泄流
对沙卵石运动的作用机制研究

SHUNIU FEIHENGDING XIELIU

DUI SHALUANSHI YUNDONG DE ZUOYONG JIZHI YANJIU

马爱兴◎著

河海大学出版社
HOHAI UNIVERSITY PRESS

·南京·

图书在版编目(CIP)数据

枢纽非恒定泄流对沙卵石运动的作用机制研究 / 马
爱兴著. —南京：河海大学出版社,2020.6
　ISBN 978-7-5630-6402-1

　Ⅰ. ①枢… Ⅱ. ①马… Ⅲ. ①水利枢纽-非恒定流-
作用-泥沙运动-研究 Ⅳ. ①TV133

中国版本图书馆 CIP 数据核字(2020)第 104180 号

书　　名	枢纽非恒定泄流对沙卵石运动的作用机制研究	
书　　号	ISBN 978-7-5630-6402-1	
责任编辑	张　砾　王丹妮	
特约校对	王典露	
装帧设计	徐娟娟	
出版发行	河海大学出版社	
地　　址	南京市西康路 1 号(邮编:210098)	
电　　话	(025)83737852(总编室)　(025)83722833(营销部)	
经　　销	江苏省新华发行集团有限公司	
排　　版	南京布克文化发展有限公司	
印　　刷	虎彩印艺股份有限公司	
开　　本	718 毫米×1000 毫米　1/16	
印　　张	9.5	
字　　数	168 千字	
版　　次	2020 年 6 月第 1 版	
印　　次	2020 年 6 月第 1 次印刷	
定　　价	49.00 元	

当前不受水利枢纽调节的天然河流已极少,而在通航河流上修建水利枢纽后,调峰发电下泄类似"人造洪峰"的非恒定流和含沙量趋近于零的清水,破坏了河流的平衡,引起了枢纽下游河床下切、展宽等再造床过程和航运条件的急剧变化。研究枢纽下泄非恒定流的水力特性及其引起的输沙特性,对于预测山区或丘陵河流枢纽下游河道演变趋势,指导受枢纽泄流影响下的河道治理和航道整治等具有重要理论意义及工程实用价值。本书采用理论分析结合水槽试验的手段,研究了粗糙定床面非恒定流的水动力特性、非恒定流作用下均匀沙及沙卵石的起动与输移规律,主要成果如下:

(1)构建了一套非恒定流及推移质输沙的水槽试验系统,系统可生成稳定可重复的非恒定流过程,各水沙要素可同步瞬时测量,为研究非恒定流作用下的水沙运动规律奠定了基础。

(2)提出了表征枢纽下泄非恒定流强度的无量纲数 P,该无量纲数仅需确定泄水波的水深、流量变化率及河宽等参数。

(3)非恒定流粗糙床面垂线流速分布可由对数尾流公式表示,但参数 B_r、尾流系数 Π 随涨落水过程发生变化,不同于均匀流条件。不同高度处的流速变幅 Δu 随相对距离 y/h_b 呈现三个区段的对数律变化。非恒定流传播过程中将在恒定流水面比降的基础上形成一附加比降,各水力要素出现不同步现象,水力要素峰值达到的先后顺序分别为 $J_{\max} \rightarrow U_{*\max}$、$U_{\max} \rightarrow Q_{\max} \rightarrow h_{\max}$,水力要素变化的不同步引起涨水期水流的动力作用较落水期大。涨水期水流对床面切应力的累积作用强于落水期,涨落水期冲量之比随非恒定参数 P 的加大而线性增加,且连续泄水波引起的水流非恒定强度较单波小。

(4)非恒定流作用下的推移质输移具有明显的随机性、间歇性与阵发性。水流的非恒定性对输沙率峰值的脉动性有影响,对水流非恒定性较强的泄水波而言,若采用较少的输沙率样本数,将会给输沙率结果带来较大的偏差。非恒定流作用下输沙率变化过程与水流条件具有不同步性,并与水流非恒定强度有关。

$P>0.32$ 时,输沙率峰值一般滞后于水流参数峰值,造成涨水期泥沙较难起动,起动难于恒定流条件;$P<0.32$ 时,输沙率峰值可能出现先于水流参数到达峰值的现象,涨水期泥沙较容易起动,起动易于恒定流条件。在对颗粒力学分析的基础上,基于达朗贝尔原理推导得到流速线性增加或减小条件下的颗粒跃移高度、长度、运动速度的计算公式,在颗粒单步跃移平均运动速度的基础上推求得到非恒定流作用下均匀推移质输沙率公式。

(5) 提出了非恒定泄水波作用下沙卵石输移量的经验公式,水流非恒定性越强、或者下泄径流量越大,亦或初始床沙越不均匀,引起床沙的输移量也越大,泄水波的平均非恒定性对输沙量起主导作用,其次是泄水波的径流量,初始床沙的非均匀性对输沙的影响最小。对于径流量相同的泄水波,水流非恒定性越强,沙卵石输移量愈难趋于稳定,床面也愈难趋于粗化稳定。非恒定清水作用下,沙卵石输沙率峰值总体上呈现衰减的趋势,清水冲刷初期,床沙分选作用显著,输沙率峰值、泄水波水面比降峰值的波动性明显;输沙率衰减系数 c 随非恒定参数 P 增加而减小,衰减波数 N 随 P 增大而线性增加,给出了非恒定清水作用下推移质单宽输沙率经验公式。

本书以作者的博士论文和作者承担的国家自然科学基金项目"非恒定流条件下宽级配推移质输沙机理试验研究"的成果为基础,并得到导师陆永军教授的关心与帮助,也得到南京水利科学研究院曹民雄教授、蔡国正教授、陆彦教授、王志力教授、王秀红高工的建议与指导,以及国内其他许多同行专家的帮助和指正,作者谨致以衷心的谢忱。

本书的出版得到了国家自然科学基金项目(51309160)和南京水利科学研究院专著出版基金的资助,谨此表示感谢。

限于作者水平和研究深度,书中难免存在不足、遗漏甚至错误之处,敬请读者批评指正。

作　者

2020 年 3 月

目录

第一章　绪论

1.1　研究背景和意义

随着我国经济建设快速发展,电力需求旺盛,水电作为一种可再生易调节的清洁能源在我国电力发展规划中的比重逐年增加。目前,在长江、黄河、珠江等主要河流干流及其支流上已建或正在兴建大中型水电枢纽较多,如葛洲坝、三峡、向家坝、溪洛渡、小浪底、龙滩等。枢纽建成后,由于对原有天然河道的水流和泥沙输移过程进行了人为调节,使原已适应了自然来水来沙过程的天然河道发生了剧烈的变化,在枢纽下泄低含沙水流作用下,将引起坝下河床冲刷下切、床沙粗化,进而影响水流输沙能力、河床冲淤过程以及坝下水位下降等[1-5]。此外,由于枢纽负荷的不均衡,常需进行日调节,在下游河道形成非恒定强度较大的日调节波,使河道内的水位、流速、比降等水力要素发生剧烈变化,给船舶航行、堤防、航道整治建筑物安全、滩槽演变等带来诸多新的问题[6-14]。

沙卵石一般分为沙夹卵石和卵石夹沙,沙夹卵石多出现在丘陵区河流,卵石夹沙主要出现在山区河流,本书主要研究卵石夹沙,其泥沙级配范围宽广,最大与最小粒径之比可达百倍以上。沙卵石运动具有一般沙质泥沙运动不同的输移特性,其输沙率与水流强度、来沙特性和床沙组成之间,形成相互反馈、错综复杂的关系[15]。目前,泥沙运动力学的主要理论和公式都是在恒定均匀流条件下建立起来的,然而,如果仍沿用现有泥沙运动理论研究枢纽下游非恒定流作用下的泥沙(沙卵石)运动显然是不符合实际的,可能导致诸如泥沙运动、河床演变等系列问题的差异,甚至带来错误的结果[16,17]。

对于枢纽下泄非恒定水沙过程,对坝下沙卵石运动是否有影响、影响程度如何、如何预测沙卵石运动规律、河床冲刷变形及坝下水位降低等问题都是在进行坝下河床演变与航道整治研究时迫切需要回答的问题。随着我国水电站梯级的相继开发,研究枢纽非恒定泄流下的河床演变,特别是对沙卵石运动的作用机制,对于预测山区及丘陵区河段枢纽下游河道演变趋势,指导枢纽下游航道治理等具有重要理论意义及工程实用价值。

1.2 国内外研究现状

枢纽非恒定泄流对沙卵石运动的作用机制研究,主要涉及三方面问题:

① 非恒定流输沙问题。天然河道的水位、流量变化过程一般在汛期才表现出明显的非恒定性,而在枯水期变化则较为平缓。枢纽建成后,坝下游河段的水位、流量变化过程完全受电站调峰发电影响,具有明显的非恒定性,造成水流输沙过程也体现出非恒定性。非恒定输沙过程不仅与枢纽下泄水流强度有关,还同泄流过程有关。

② 非均匀输沙问题。水利枢纽大多修建于河段的上游,其河床组成较为宽广,粗细颗粒在水流作用下发生垂向分选,床沙的起动具有分级起动的特征,输移过程明显不同于均匀沙。

③ 不平衡输沙问题。枢纽建成后将拦截大量泥沙,特别在枯水期电站下泄几乎为清水,势必导致下游河道推移质的不平衡输移,对于卵石夹沙河道,河床在刷深的同时还将改变床沙级配,造成河床下切、床沙粗化。

在此之前有必要了解明渠非恒定流特性、沙卵石河床输移特性、非恒定流输沙等研究现状,并分析其存在问题。

1.2.1 明渠非恒定流研究现状

在涉及枢纽非恒定泄流对沙卵石运动的作用机理前,由于水流(非恒定流)是沙卵石运动的动力条件,因而有必要深入了解明渠非恒定流的研究现状。明渠非恒定流特性的研究因受问题的复杂性、要求测量仪器的先进性等因素制约,研究进展较明渠均匀流特性滞后得多。

(1)基本方程

天然明渠非恒定紊流常为三维情况,其基本方程可由 Navier-Stokes 方程组表示,当水流沿横向运动较小可忽略时,可简化为二维明渠非恒定流(图 1.1)。在 Navier-Stokes 方程组基础上,通过一系列简化可得到二维明渠非恒定紊流方程组[18]:

$$\frac{\partial \bar{u}}{\partial x} + \frac{\partial \bar{v}}{\partial y} = 0 \tag{1.1}$$

$$\frac{\partial \bar{u}}{\partial t} + \bar{u}\frac{\partial \bar{u}}{\partial x} + \bar{v}\frac{\partial \bar{u}}{\partial y} = g\sin\theta - \frac{1}{\rho}\frac{\partial \bar{p}}{\partial x} + \frac{1}{\rho}\frac{\partial \tau}{\partial y} \tag{1.2}$$

$$0 \cong -g\cos\theta - \frac{1}{\rho}\frac{\partial \overline{p}}{\partial y} + \frac{\partial(-\overline{v'^2})}{\partial y} \tag{1.3}$$

$$\tau = -\rho\overline{u'v'} + \mu\frac{\partial \overline{u}}{\partial y} \tag{1.4}$$

式中：$\overline{u}$、$\overline{v}$ 分别为水流纵向 x 和垂向 y 的平均流速；u'、v' 为对应脉动流速；$\overline{p}$ 为平均压强；g 为重力加速度；τ 为总切应力。

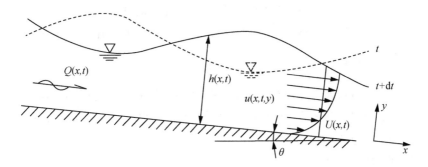

图 1.1　二维明渠非恒定流示意图

平均压强 $\overline{p}$ 可由方程(1.3)按照静水压强分布得到：

$$\overline{p} = \rho g(h-y)\cos\theta \tag{1.5}$$

在 Navier-Stokes 方程组基础上可推导得到一维明渠非恒定流的基本方程——Saint-Venant 方程组：

$$\frac{\partial Q}{\partial x} + \frac{\partial A}{\partial t} = 0 \tag{1.6}$$

$$\frac{\partial Q}{\partial t} + \frac{\partial}{\partial x}\left(\frac{Q^2}{A}\right) + gA\frac{\partial z}{\partial x} + gA\frac{Q^2}{K^2} = 0 \tag{1.7}$$

当为矩形棱柱体非恒定流时，Saint-Venant 方程组转化为：

$$\frac{\partial h}{\partial t} + U\frac{\partial h}{\partial x} + h\frac{\partial U}{\partial x} = 0 \tag{1.8}$$

$$\frac{1}{g}\frac{\partial U}{\partial t} + \frac{U}{g}\frac{\partial U}{\partial x} + \frac{\partial h}{\partial x} - S_0 + S_f = 0 \tag{1.9}$$

式中：U、Q、A 分别为 x 方向的断面平均流速、流量和过水面积；h、z、R、C 分别为水深、水位、水力半径和 Chezy 系数；$K = AC\sqrt{R}$；S_0 为底坡；S_f 为摩阻坡度（$S_f = \frac{\tau_0}{\rho g R} = \frac{U_*^2}{gR}$，$\tau_0$ 为床面切应力，U_* 为摩阻流速）。

Saint-Venant 方程组在推导过程中采用了以下假定[19]：

① 流体均质且不可压缩；

② 流动是一维的；

③ 河道顺直，不考虑弯道；

④ 波面是渐变的，即沿垂线压力呈静水压力分布，或垂向加速度可忽略不计；

⑤ 河床底坡很小，即 $\sin\theta\cong\tan\theta=S_0$；只考虑定床流动，不考虑河床冲淤变化；

⑥ 非恒定流的摩阻坡度变化规律 S_f 与恒定流时相同，由 Chezy 公式得，非恒定流下摩阻坡度 $S_f=\dfrac{\tau_0}{\rho g R}=\dfrac{U_*^2}{g R}=\dfrac{U^2}{C^2 R}$。

由于 Saint-Venant 方程组只考虑一维情况，对于非恒定流的水流结构，如流速分布、紊动结构等问题均未涉及；对于水流阻力仍然采用明渠恒定流的水流阻力 $\tau_0=\gamma R S_f$（假定⑥）。

（2）非恒定参数

明渠非恒定流在传播过程中各水力要素随时间、空间变化，其中水力要素随时间的变化程度 $\left(\dfrac{\partial}{\partial t}\right)$ 反映水流的非恒定性。

不同研究者在描述明渠水流非恒定性时采用了不同参数（详见表 1.1）。Graf 和 Suszka[20]基于均匀流与非恒定流流量公式的差异，提出非恒定参数 Γ，它表征了非恒定流涨落水过程中水深的平均变化率与基流（对应最小流量，下同）摩阻流速之比，Tu 和 Graf[21]、Yen 和 Lee[22]、Song 和 Graf[23]、Sutter 等[24]、Lee[25]等学者均采用了该参数 Γ，其水深变化率中的时间项采用了非恒定流涨落水的总持续时间。事实上，非恒定流波在传播过程中会发生变形[26-28]，涨水波形陡于落水波，因而参数 Γ 中的时间项采用涨水期时间更合适[29]。Nezu 等[18]提出的非恒定参数 α 则表征非恒定流水面涨水速率与对流速度之比，其中对流速度可认为是基流流速和峰流（对应最大流量，下同）流速的平均值；试验表明当 $\alpha\geqslant 0.001$ 时，非恒定流（尤其是涨水期）近壁紊动结构主要受 α 影响[30]。Qu[31]试验表明上述非恒定参数的量级一般为 $O(10^{-3})$，并在此基础上提出了量级为 $O(1)$ 的非恒定参数 Ω，Ω 反映单宽流量的增长率与基流摩阻流速平方之比。Bombar 等[32]从涨水期水流净加速度的角度提出了非恒定参数 P_{gt}。对于水面渐变的明渠非恒定流，假定水压服从静压分布，在此基础上，Nezu 等[33]建立了非恒定参数 α 与压强梯度 $\mathrm{d}p/\mathrm{d}x$ 之间的关系，表明压强梯度 $\mathrm{d}p/\mathrm{d}x$ 可反映非恒定边界层流动的非恒定性，Tu[34]、Song 和 Graf[23]、Qu[31]在 Clauser 压强梯度参数[35]基础上,分别提出了反映水流非恒定性的压强梯度参数 β、β_u、β_{un}。

可见,非恒定参数 Γ、Γ'、α、Ω、P_{gt} 反映了非恒定流水深 h 或单宽流量 q 等水力要素随时间的平均变化程度,均可反映非恒定波的平均非恒定程度,但对于不同的非恒定波形态(如三角波、正弦波等),不能反映不同波形之间水流非恒定性的差异。

表 1.1　明渠非恒定流非恒定参数

学者	非恒定参数	
Graf and Suszka[20]	$\Gamma=\dfrac{1}{U_{*b}}\dfrac{\Delta h}{\Delta T}$	(1.10)
刘春晶[29]	$\Gamma'=\dfrac{1}{U_{*b}}\dfrac{\Delta h}{T_r}$	(1.11)
Nezu 等[18]	$\alpha=\dfrac{2}{U_b+U_p}\dfrac{\Delta h}{T_r}$	(1.12)
Qu[31]	$\Omega=\dfrac{1}{U_{*b}^2}\dfrac{\Delta q}{T_r}$	(1.13)
Bombar 等[32]	$P_{gt}=\dfrac{\lvert gS_0-\Delta h/T_r\rvert}{g}$	(1.14)
Clauser[35]	$\beta_c=\dfrac{\delta_*}{\tau_0}\dfrac{\mathrm{d}p}{\mathrm{d}x}$	(1.15)
Tu[34]	$\beta=k\left(-\dfrac{h}{U^2}\dfrac{\mathrm{d}U}{\mathrm{d}t}\right)$	(1.16)
Song 和 Graf[23]	$\beta_u=\dfrac{gh}{U_*^2}\left(-S_0+\dfrac{\partial h}{\partial x}+\dfrac{1}{g}\dfrac{\partial U}{\partial t}\right)$	(1.17)
Qu[31]	$\beta_{un}=-\dfrac{1}{2}\dfrac{h}{U_*^2}\left(\dfrac{\partial U_*}{\partial t}+U\dfrac{\partial U_*}{\partial x}+U_*\dfrac{\partial U}{\partial x}\right)$	(1.18)

注:U_{*b} 为基流(对应最小流量,下同)的摩阻流速;$\Delta h=h_p-h_b$ 为非恒定流峰流(对应最大流量、下同)和基流时的水深差;$\Delta T=T_r+T_d$ 为非恒定流周期,T_r、T_d 分别为涨、落水段时间;U_b、U_p 分别为基流流速和最大垂线平均流速;q 为单宽流量;δ_* 为边界层排挤厚度;k 为系数,取决于相对糙度和流速分布;S_0 为底坡。

(3)明渠非恒定流流速分布

明渠非恒定流流速分布的研究因受问题的复杂性、要求测量仪器的先进性等因素制约,研究进展较明渠均匀流流速分布滞后得多。在论述非恒定流流速分布之前,有必要先了解明渠恒定均匀流流速分布的研究现状。

1)明渠恒定均匀流垂线流速分布

在明渠恒定均匀紊流边界层运动中,二元流的垂线流速分布可分为内层区($0 \leqslant y/h < 0.2$,y 为距离床面的高度,h 为水深,内层区又可分为黏性底层、过渡层、对数层)和外层区($y/h > 0.2$),各层流速分布[36]见表 1.2。

表 1.2　明渠恒定均匀流不同层区流速分布

层区		范围	流速分布	
内层区 $(0 \leqslant y/h < 0.2)$	黏性底层	$0 \leqslant y^+ < 5$	$u^+ = y^+$	(1.19)
	过渡层	$5 \leqslant y^+ < 30$	$u^+ = \int_0^{y^+} \dfrac{2}{1 + \sqrt{1 + 4l^{+2}}} \mathrm{d}y^+$	(1.20)
	对数层	$30 \leqslant y^+ < 0.2R_{e*}$	$u^+ = \dfrac{1}{\kappa}\ln y^+ + A$	(1.21)
外层区$(y/h \geqslant 0.2)$		$y^+ > 0.2R_{e*}$	$u^+ = \dfrac{1}{\kappa}\ln y^+ + A + \dfrac{2\varPi}{\kappa}\sin^2\left(\dfrac{\pi}{2}\dfrac{y}{h}\right)$	(1.22)

注:$u^+ = u/U_*$,$y^+ = yU_*/\nu$,$l^+ = lU_*/\nu$,u 为距离床面 y 处的时均流速,U_* 为摩阻流速,ν 为水流的运动黏性系数,l 为 Prandtl 混合长度,$R_{e*} = hU_*/\nu$,κ 为 Karman 常数,A 为积分常数,$\varPi$ 为 Coles 尾流强度系数。

对于 Karman 常数 κ 不同学者试验结果范围一般为 $0.376 \sim 0.412$[37-41],实际应用过程中可认为常量 0.41[36]。积分常数 A 主要与主流特性有关,但基本为常量,$A = 4.9 \sim 5.5$[37-41]。尾流系数 $\varPi$ 与雷诺数 $R_e (= 4hU/\nu)$ 有关,$R_e \leqslant 2 \times 10^5$ 时,$\varPi$ 随 R_e 增加迅速从 0 增大,当 $R_e > 2 \times 10^5$ 时,$\varPi \approx 0.2$[37];Cardoso 和 Graf[42] 试验表明,在 $0.2 \leqslant y/h \leqslant 0.7$ 的区域,$\varPi = 0.08$;近年来,Roussinova[43]、Afzal[44] 等进一步对光滑床面外区水流结构进行了研究。

对于粗糙壁面,外层区流速分布公式可表示为[45]:

$$\frac{u}{U_*} = \frac{1}{\kappa}\ln\frac{y_T + y_0}{k_s} + B_r + \frac{2\varPi}{\kappa}\sin^2\left(\frac{\pi}{2}\frac{y_T + y_0}{\delta + y_0}\right) \tag{1.23}$$

式中:y_T 为距离粗糙颗粒顶部的距离;y_0 为理论零点$(u=0)$ 在粗糙顶面以下的距离;δ 为粗糙顶面至垂向流速最大位置的距离;k_s 为粗糙高,对均匀沙取中值粒径,对非均匀沙,可取最大粒径[46]。不同学者试验得到的 B_r 范围一般 $8.42 \sim 9.4$[45-48];对于尾流系数,Kironoto 和 Graf 试验得到的 $\varPi = -0.03 \sim 0.09$[47],董曾南[49]认为粗糙床面的尾流系数 $\varPi$ 还与相对光滑度 h/k_s 有关,h/k_s 较小时,$\varPi$ 随 h/k_s 增加迅速增大,当 $h/k_s \geqslant 5$ 后 $\varPi$ 趋于常量 0.23。

2) 明渠床面的理论零点

明渠光滑壁面的理论零点即为壁面,而粗糙床面理论零点的位置介于泥沙颗粒的顶点至底部之间(图 1.2),其确定较困难,一般与床沙粒径、级配和排列等有关,粗糙床面理论零点选取的正确与否直接影响流速分布公式以及公式中各参数的变化。Benedict 和 Christensen[50]采用将单层粗糙融化后形成的光滑壁面高度定义为 $y_0 (= 0.198d_{50})$。Tu[51] 较详细地论述了国外部分学者对理论零点的研究成果,如:O'aughlin 和 Macdonald(1964)对粗糙粒径 $d_{50} = 2.9$ mm 的砾石,取 $y_0 = 0.27d_{50}$;Grass(1971)对 $d_{50} = 9$ mm 圆形砾石,取 $y_0 = 0.18d_{50}$;

Tu 等(1988)对 $d_{50}=23.5$ mm 的天然卵石,取 $-0.3<y_0/d_{50}<0.8$。Tu 和 Graf[21] 对 $d_{50}=13.5$ mm 砾石、23.0 mm 卵石床面非恒定流试验,取 $y_0=0.25d_{50}$。Song 和 Graf[23] 对 $d_{50}=12.3$ mm 的砾石床面,取 $y_0=0.25d_{50}$。Dong[46] 通过改变 y_0,使得内层区实测流速分布最符合对数曲线,此时下距床面泥沙颗粒顶部 y_0 处即为理论零点,对 $d=8\sim10$ mm 砾石床面试验发现,y_0 与相对光滑度 h/k_s 有关,当 $h/k_s<5$ 时,$y_0/d_{50}=0.87(h/k_s)^{-0.64}$,当 $h/k_s>5$ 时,$y_0/d_{50}=0.273$。

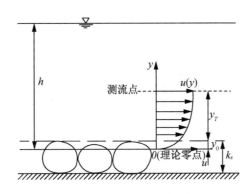

图 1.2 粗糙床面的理论零点

3)明渠非恒定流流速分布

目前,大多数学者[21,23,29,31,33,52,53]试验表明,明渠非恒定流垂线流速分布仍服从对数-尾流分布,但对数-尾流分布公式中各参数(Karman 常数 κ、积分常数 A、尾流系数 $\varPi$ 等)与均匀流条件有所不同。

大多数学者在非恒定流试验中常认为或假定 κ 不受非恒定流影响[18,30,53],Onitsuka 和 Nezu[54] 通过量测黏性底层流速分布探讨了 κ 与涨落水过程及非恒定参数的影响,试验表明非恒定流 κ 值偏离均匀流 κ 值 0.41 随非恒定参数 α 的增大而加大,但从其量值上来看,变化不大,Nezu 和 Sanjou[30] 进一步对 κ 进行了讨论,认为即使在强非恒定性条件下,κ 保持不变的假定仍是合理的。但积分常数 A、尾流系数 $\varPi$ 与均匀流条件有所不同。在推求非恒定流积分常数 A 时,通常保持 κ 为均匀流时对应值,由此根据实测对数区垂线流速分布,反算摩阻流速和积分常数。积分常数 A 与压强梯度、非恒定参数有关,在水流高非恒定性时 A 随时间变化[30]。Nezu 和 Nakagawa[33] 光滑床面试验表明,积分常数 A 在涨水开始时刻最大为 5.3,然后逐波减小,涨水段明显大于落水段,且在周期内不封闭(图 1.3)。其他学者的试验结果不尽相同:Song 和 Graf[23] 粗糙床面试验表明非恒定流 Br 大于对应恒定流值,但涨水期 Br 小于落水期;Qu[31] 粗糙床面试验表明 Br 与压强梯度参数 β_{un} 有关;刘春晶[29] 试验表明 A 随涨落水未发现明显的统一变化趋势;胡江[53]光滑床面试验表明,涨水时 A 小于均匀流的 A 值,落水时则相反,而波峰、波谷处 A 与均匀流时一样。尾流系数 Π 与压强梯度参数、非恒定参数、雷诺数等有关[30]。Nezu 和 Nakagawa[33]试验表明,涨水期 Π 逐渐增大,在峰流前达到最大值,之后逐渐减小趋于基流时的 Π 值。Song 和 Graf[23]粗糙床面试验表明非恒定流 Π 值大于对应恒定流值。

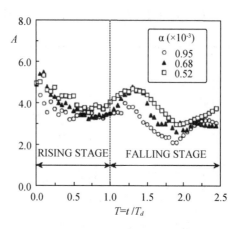

图 1.3　积分常数 A 随涨落水变化[33]

(Nezu 和 Nakagawa,1995)

可见,不同学者对积分常数、尾流系数 Π 的变化规律存在异议,这不仅与明渠非恒定流本身的复杂性有关,还与试验仪器、试验方法的差异性有关。以往的非恒定流垂线流速测量中,采用的流速仪一般仅能单点测量,实际量测时,常分时测量不同水深处的流速变化过程,然后根据不同水深点同相位下的流速值作为垂线流速数据,即垂线流速分布中各垂线点测量不同步,这给试验结果带来一定影响。此外,试验中对水槽尾部控制方式的不同也是影响试验结果的重要原因,如多数学者试验中水槽尾部采用自由出流的方式,而部分学者试验时采用人为调节水槽尾部,使试验段水流类似明渠均匀流,这些可能是其试验中未能得到 A、Π 随涨落水变化趋势的影响因素。

1.2.2　沙卵石输移特性研究现状

沙卵石是一种不均匀程度很大的床沙,由于作用在沙粒上流速的脉动性、床沙组成的非均匀性、泥沙在床面上排列及所处位置的偶然性、泥沙颗粒相互混合的不确定性、泥沙补给条件的不稳定性,使得沙卵石运动在时间和空间上都有很大的随机性[55,56]。曹叔尤等[15]曾整理分析岷江都江堰河段实测推移质输沙量的结果显示,卵石输沙率在相同的水流条件下的变幅很大,卵石的脉动率可达时均值的 5～25 倍,标准差为 0.242～198.8,表明卵石输沙呈现明显的随机性。Cudden[57]、Kuhnle[58]、Hoey[59]等学者通过野外和室内试验资料分析,也发现了卵石运动具有很强的脉动性。在卵石运动的相关试验研究中[60,61],表明卵石在其输移过程中运动速度较慢,具有极强的间歇性和不连续性。由于卵石运动具有随机性和间歇性,运动规律极为复杂。

（1）床面粗细颗粒隐暴关系

水流作用下,沙卵石在运动过程中存在粗细颗粒间的相互影响,造成粗细颗粒间相互影响的原因是沙卵石颗粒在床面上的位置关系。目前对描述粗细颗粒在床面的相对位置关系常采用暴露度描述。

Einstein 考虑非均匀沙中细颗粒受粗颗粒隐蔽影响,引入了相对暴露度系数 ξ 以反应被粗颗粒环绕的细颗粒所受上举力的减小[62]。Egiazaroff[63]认为床沙全动和部分可动的暴露度系数 ξ 不同。Paintal[64]在研究均匀沙颗粒在床面位置时,提出采用绝对暴露度(起动颗粒上、下游颗粒与平均床面的高差)来衡量颗粒间的暴露度概念。韩其为等[65]认为相邻上游颗粒对下游颗粒的遮掩作用很小,而研究颗粒与相邻下游颗粒的相对位置对颗粒受力影响很大,因而采用颗粒最低点至颗粒与下游颗粒接触点之间的竖向距离 Δ 来表示颗粒在床面所处的位置,即相对暴露度的概念。何文社[66]在韩其为的理论基础上,提出研究颗粒最低点至该颗粒与其下游相邻颗粒最高点之间的竖向距离为颗粒处于床面的绝对暴露度。此外,彭凯[67]、冷魁[68]、方红卫[69]、刘兴年[70]等学者从不同角度对暴露度进行了研究。其中,刘兴年等[70]在 Paintal 暴露度概念的基础上,提出的暴露高度 e 为床面表层泥沙平均暴露高度面(即平均床面)至颗粒顶点的竖向距离,暴露高度为零时表示颗粒位于平均床面上,为正时表示突起于平均床面之上,为负时表示低于平均床面,并实测了暴露度 e 的数值。

（2）沙卵石起动与输移规律

对于沙质河床的平原河流,床沙的粒径范围一般较窄,虽为非均匀沙,但可近似作为均匀沙处理。而对于山区河流而言,河床一般由粗沙、砾石、卵石等组成,粒径分布甚广,在一般的流量下,具有部分可动,部分不可动的特点,从而不能整体考虑其起动、输移条件,而应考虑组成河床不同粒径的泥沙各自具有不同的起动、输移特性。然而受沙卵石河床中泥沙颗粒形状、位置、作用于床沙颗粒的水流流速、粗细颗粒之间的隐暴关系等影响,沙卵石的起动、输移状况随时空而变,具有很强的随机性,因而研究难度较大。

对宽级配泥沙的起动条件的研究,早期大都采用代表粒径,如平均粒径 d_m

或中值粒径d_{50}来研究床沙整体起动情况,或者在均匀沙起动条件的基础上引入一些反映泥沙组成非均匀性的修正系数,这些处理问题的方式有一定的参考价值,但在一定条件下仅能近似反映非均匀沙的整体起动。对于宽级配的沙卵石而言,整体起动与非均匀沙床沙粗化相联系,对应着粗化层的破坏条件[71],而直接与非均匀沙输移规律相联系的是不同粒径组的起动条件,即分组起动条件。Kuhnle[72]、Wilcock[62,73,74]、Sarker[75]等对非均匀沙分组起动条件进行了试验研究,建立了非均匀沙分组起动切应力的经验公式。秦荣昱[76]、解刚[77]、何文社[78,79]等通过引入附加阻力或附加质量力推求了非均匀沙的起动条件。孙志林[80]建立的非均匀沙起动公式考虑了泥沙的起动概率和床面颗粒排列的随机性。郭志学[81]、李文萍[82]、刘兴年[83]等研究了近底水流结构、泥沙颗粒形状、粗细化过程对非均匀沙起动影响。吴宪生[84]、Linares[85]、Wilcock[62]等研究了不同床沙峰型对非均匀沙起动的影响。

目前对非均匀沙输沙率研究大体分为三个方面。

一是通过均匀沙输沙率公式来确定非均匀沙总输沙率。通过选取非均匀沙的某一代表粒径,将此粒径代入均匀沙输沙率公式,求得非均匀沙输沙率。Meyer-Peter[86]采用床沙的平均粒径d_m作为代表粒径,Einstein采用d_{35}作为代表粒径。钱宁认为对于低强度输沙,采用d_m较d_{35}为合理,对高强度输沙,两者差别不大。然而这类公式用于非均匀程度大的卵石或卵石挟沙河流时,则与实测资料相差甚远[71],可见用均匀沙公式来计算宽级配沙卵石输沙率是不合适的。

二是采用均匀沙公式分组计算非均匀沙中不同粒径级的输沙率。Einstein最早将其均匀沙推移质输沙率公式通过引进有关修正系数推广到非均匀沙情况。实测资料表明,Einstein非均匀推移质输沙率公式虽然考虑了多种因素的影响,但用它直接计算卵石或沙卵石河流的输沙率,与实测值相差很大[87,88]。

三是采用d_i/d_m或d_i/d_{50}考虑非均匀性影响计算分组输沙率,即输沙率公式中考虑了粗细颗粒间的隐暴关系。Parker[89,90]、Wilcock[91-93]、Duan[94]、陆永军[95]等学者在此基础上推得了计算分组输沙率的公式。Karim[96]、Kleinhans[97]等学者通过考虑粗细颗粒间相互影响进一步完善了非均匀分组输沙率计算公式。由于此法能较好地反映实际情况,是一个值得深入研究的方向。

此外,王协康等[98]采用负幂律分布描述宽级配非均匀推移质输沙率。刘兴年[99]、Li[100]考虑粗化程度对宽级配卵石输沙率的影响特点,建立了反映粗化影响的输沙率公式,在此基础上对粗化过程中的非均匀沙输沙率进行了研究。

（3）河床冲刷床沙粗化

自 20 世纪 50 年代以来，由于水利枢纽的修建引起枢纽下游河床冲刷下切、床沙粗化以及坝下游水位降落等问题，国内外许多学者对河床粗化问题开展了研究。尹学良[101]曾根据永定河官厅水库下游实测资料和水槽试验成果，证实了枢纽下游河床存在粗化这一现象，并对沙卵石河床粗化层的形成和特性进行了深入探讨，提出了粗化颗粒最小粒径、粗化百分数、粗化层厚度、粗化层级配和极限冲刷深度的计算方法，推动了研究。此后，Gessler[102]、Odgaard[103]、刘兴年[104]、Borah[105]、Jain[106]、Codell[107]、陆永军[108-112]、Chin[113]、何文社[114]等学者对河床冲刷粗化等问题进一步进行过研究。20 世纪 80 年代随着电子计算技术发展，Shen[115]、Lee[116]、杨美卿[117,118]、张华庆[119]、冷魁[120]、胡海明[121]、许全喜[122]、毛继新[123]、刘兴年[99]等人对河床粗化进行了模拟计算。韩其为[124]根据粗化机理，按床沙粗细取不同的粗化层厚度，提出了沙卵石河床粗化及交换粗化的计算方法。秦荣昱[125]研究了沙卵石河床的粗化机理、粗化过程的不恒定性和粗化层特性，并提出了以推移质冲刷为主，形成稳定不动的卵石夹沙粗化模式。此外，杨美卿[126]、孙志林[127]、乐培九[128]、杨克君[129]等人对清水冲刷河床粗化过程中推移质的输沙率变化规律进行了研究，其中孙志林[127]从理论上建立了冲刷粗化过程中输沙率变化的微分方程，从而解出输沙率随时间呈指数衰减规律变化的理论公式。

近年来，国外在粗化保护层颗粒间的结构及其对粗化床面切应力的研究上，取得了一定成果[130-132]。国内学者孙志林[133]、杨具瑞[134]、王涛[135]通过连续小幅增大水流强度对粗化层破坏过程、破坏机理、临界条件开展了一些试验工作，发现恒定流水流强度的增大并不一定能破坏粗化层，只有当水流强度增大到一定程度时，粗化层才会破坏。

上述粗化层研究工作主要基于恒定均匀流的条件，并未考虑非恒定流对粗化的影响，而对粗化层的破坏试验虽进行了非恒定流试验，但未考虑涨落水过程以及非恒定流强度对粗化过程及粗化层破坏的影响。

1.2.3　非恒定流推移质输沙问题

非恒定流输沙的研究工作始于 20 世纪 80 年代，并在 20 世纪 90 年代中德学者掀起了非恒定流输沙研究的热潮，分别于 1994 年 6 月、1997 年 9 月在北京成功举办了第一、二次中德非恒定流输沙学术讨论会，同时成立了"中德非恒定流输沙"学术团体，会议认为非恒定流输沙的研究是泥沙科学中的重要难题，又是生产对泥沙理论提出的挑战，将成为泥沙科学的主要生长点[136]。2000 年 10

月在德国慕尼黑举行了第三次德中非恒定流输沙学术讨论会,会议围绕非恒定流对河床演变的作用、山区推移质在非恒定流中的运动规律等专题进行了讨论[137]。

在非恒定流输沙研究过程中,由于其水力要素变化不同于恒定均匀流情况,其输沙特性也有别于均匀流情况。不同学者对非恒定流悬沙输移特性[138-142]、非恒定震荡流底沙输移特性[143-145]的研究证实了非恒定流输沙与均匀流输沙的差异;近年来,Tregnaghi 等[146,147]、Lai 等[148]研究了非恒定流对水工建筑物附近局部冲刷坑深度的影响,表明最大冲刷坑深度与非恒定参数有关。

(1)非恒定流推移质输沙与恒定均匀流输沙的差异

Tsujimoto 等[149]于 1988 年提出了非恒定泥沙输运的两种类型:①水流条件变化对输沙的直接影响,如水流的非恒定性、非均匀性,对于砾石河床而言,这种变化对输沙影响占主导作用;②松弛效应(relaxation effect),即水流突然变化,但输沙变化有一松弛,这种效应是河床演变的本质特征,对于沙质河床而言,因沙波的存在,沙波的变形需较长时间,以松弛效应占主导作用。

众多学者利用现场测量或者水槽试验的手段发现了非恒定流推移质输沙不同于均匀流输沙,同时发现非恒定流泥沙运动与水流之间存在不同步的现象[20,22,25,150-158]。如 Graf 和 Suszka[20,152]试验发现非恒定流作用下的泥沙输移量常大于相当条件下由恒定流条件计算的值,涨水期这种现象尤为显著,非恒定参数 Γ 越大,两者差异越显著;Song 和 Graf[153]在非恒定流均匀砾石输沙试验发现,以加速流占主导的非恒定流过程,输沙率的计算值(由均匀流建立的输沙公式)小于试验实测值,而以减速流占主导的非恒定流过程,输沙率的计算值大于试验实测值。Lee 等[25]试验表明推移质输沙率滞后于水深的时差约占非恒定流持续时间的 6~15%,由于存在滞后,涨水段的总输沙量小于落水段,而 Bestawy 等[154]、Sutter 等[155]的试验中输沙率峰值却先于水深峰值,导致涨水期输沙率大于落水期。可见,研究学者对非恒定流推移质输沙率与水力要素不同步的先后顺序存在一定异议。

针对非恒定流条件与恒定流条件作用下泥沙输移的差异,以及泥沙运动的滞后现象,很多学者对其进行了解释。Plate[16]认为动床面没有足够的时间对快速变化的水流作出调整,是洪峰最大流量与泥沙最大输沙率之间存在滞后的根本原因。王兆印[159,160]、Lee[25]、Cokgor 和 Diplas[161]等分别从河床存在惯性、大尺度沙波的存在、粗化层的存在或破坏等角度阐述了输沙率峰值滞后的原因。

(2)非恒定流条件下推移质输沙公式

尽管自然界非恒定流输沙问题具有普遍性和重要性,且非恒定流输沙与恒定均匀流输沙之间存在差异,但由于问题的复杂性,在现有文献中,可以查阅到的非恒定流输沙公式较少,大都仍沿用恒定流输沙公式,Reid 等[162,163]对现有的输沙率公式预测非恒定流推移质输沙率进行了评估,表明 Meyer-Peter and Müller 输沙率公式较好。目前专门针对非恒定流提出的输沙率公式大都是纯经验或在均匀流输沙公式上改进得到,非恒定流推移质输沙率公式汇总于表1.3。可见,非恒定流推移质输沙率公式基本上可以归纳为三类:

第一类是纯经验公式。利用相关分析建立非恒定流输沙率实测值与均匀流输沙公式计算值之间的偏差与相关因素之间的经验关系[152,164],见式(1.24)、式(1.25)。或者基于杜博埃关于推移质输沙率是水流实际切应力与床沙起动切应力差值函数的观点,并考虑输沙滞后于床面切应力的影响,建立非恒定输沙公式[24,155],见式(1.26)、式(1.27)。

第二类是建立在均匀流输沙公式的基础上的。Song 和 Graf[153]根据恒定流水流强度参数与输沙强度参数关系,将水流强度参数中的底坡项由非恒定摩阻坡度取代,从而确定非恒定流输沙率。Tsujimoto 等[165]在恒定流输沙公式的基础上通过考虑水流的非恒定性、非均匀性确定非恒定流输沙率公式,见式(1.28)。

第三类研究是建立在应用量纲分析原理基础上。通过寻找影响非恒定流输沙的主要因素,在试验的基础上,根据相关分析确定各因素之间的关系。不同的学者所建立的非恒定流输沙的影响因素有所不同。如,Bestawy 等[154]分析表明无量纲参数 $S_0(h/h_p)$(S_0为底坡,h_p为峰流水深)对涨落水过程中推移质输移起主导影响,而非恒定参数 Γ 对输沙影响却最小。Ahanger 等[142]分析表明 h/d(d为粒径)对非恒定输沙影响最大。而 Lee 等[25]认为非恒定流推移质输沙率与径流量、水流非恒定性、Froude 数有关。对于缓流,Froude 数影响可忽略,但其试验水流非恒定性较小,因而试验结果表明非恒定流输沙总量与恒定流输沙总量之比为常量,与水流的非恒定性、径流量关系不大。

上述三类公式的提出均有益推动了非恒定流输沙研究,然而仍存在一定问题。第一类公式经验性强,建立的非恒定流输沙与均匀流输沙的差异仅表现在两者输沙总量的差异,不能反映非恒定流的输沙过程;而基于杜博埃输沙观点并考虑输沙滞后影响的输沙率公式中,未考虑水流非恒定性对床沙起动切应力的影响。第二类公式在水流强度参数处理中有一定合理性,然而水流强度参数与输沙强度参数之间的关系仍然采用恒定均匀流输沙关系,由此确定非恒定流输沙率似乎较牵强。第三类公式便于对非恒定输沙影响因子的寻找,但在确定无量纲基本参数时主观性较强,依据试验得到的主要影响因素也不尽相同。这三类公式均针对均匀沙提出。对于非均匀沙,由于粗细颗粒之间存在隐暴关系,其输移规律更为复杂,与均匀沙有较大差别[94,108,166],一些学者对非恒定流作用下的非均匀沙的运动规律、床面形态、粗化过程进行了初步探讨[161,167-171],由于问题的复杂性,非恒定流作用下的非均匀沙输移公式鲜见。

表 1.3 不同学者建立的非恒定流推移质输沙率公式

学者	非恒定流推移质输沙关系式	
Suszka 和 Graf[152]	$E_\epsilon = 115\Gamma^{1/2}\left(\dfrac{d_{50}S_0}{\Delta h}\right) - 0.3$	(1.24)
曲兆松等[164]	$dG_b = 0.11\dfrac{dQ}{dt}$	(1.25)
Sutter 等[24]	$g_b = c_1 T_2^{c_2}$	(1.26)
Sutter 等[155]	$\dfrac{g_b}{\rho_s\sqrt{gd_{50}^3}} = a * \exp(b * T_1)$	(1.27)
Tsujimoto 等[165]	$g_b = g_{bs}\left(1 + p_1\dfrac{\partial h}{\partial x} + p_2\dfrac{1}{U_*}\dfrac{\partial h}{\partial t}\right)$	(1.28)
Bestawy 等[154]	$\dfrac{g_b}{\rho_s\sqrt{(\rho_s/\rho-1)gd_{50}^3}} = f\left(\dfrac{\partial h/\partial t}{U_{*b}}, S_0\left(\dfrac{h}{h_p}\right), \dfrac{d_{50}}{h}, \dfrac{h_p-h_b}{U_{*b}T_{r,f}}, \dfrac{h_bS_0}{(\rho_s/\rho-1)d_{50}}\right)$	(1.29)
Lee 等[25]	$g_b = f\left(\dfrac{U_{*b}^2 \forall}{gh_b^3 B}, \dfrac{h_p-h_b}{TU_{*b}}, \dfrac{U_p}{\sqrt{g(h_p-h_b)}}\right) = f(W_k, \Gamma, Fr)$	(1.30)

注:$E_\epsilon = (V_s - V_{s0})/V_{s0}$ 代表预测的偏差,V_s 为非恒定流过程泥沙体积的实测值,V_{s0} 为采用恒定流公式计算值;S_0 为底坡;Γ 为非恒定参数;dG_b 为实测输沙率与由爱因斯坦公式计算输沙率的差异;g_b 为推移质单宽输沙率;$T_{r,f}$ 为涨水与落水期的时间;$T_1 = (U_*^2 - U_{*cr}^2)/U_{*cr}^2$,$U_*$ 为恒定流摩阻流速,U_{*cr} 为临界摩阻流速;a 为输沙不同步修正项;b 为推移质输沙系数;$T_2 = (U_{*SV}^2 - U_{*cr}^2)/U_{*cr}^2$,反映水流瞬时摩阻强度,$U_{*SV}$ 为非恒定流摩阻流速;c_1 为与粒径有关的系数;c_2 为反映输沙滞后于摩阻流速的系数;g_{bs} 为恒定流推移质单宽输沙率公式计算值,p_1、p_2 为系数,由试验确定;$\forall$ 为非恒定流过程的径流量,下标 b、p 分别代表基流、峰流;T 为非恒定流周期。

1.3 研究中存在的不足

明渠非恒定流因水力要素随时间、空间不断发生变化,对其水力要素(如流速分布)的研究较恒定流复杂得多,以往学者在研究非恒定流流速分布时大多基于光滑床面,对于粗糙床面因存在理论床面的问题,研究相对较少,同时量测非恒定流速的仪器一般仅能单点测量,使得垂线流速分布中各垂线点测量不同步,这给试验结果带来一定影响。一些学者[25,156]试图调节水槽尾部以保持试验段水面比降接近底坡,使得试验段各时刻或周期内平均的水流类似明渠均匀流,事实上非恒定流下泄过程中将产生附加比降[14],水流的非均匀性明显,人为地去除非恒定流的这种固有特性,其合理性是值得商榷的。多数学者试验中则不控制水槽尾部,让水流自由出流,因水槽长度有限(5~30 m),测流断面一定程度上受尾部非恒定出流影响,因而为避免测流断面受尾部出流影响,非恒定流试验应尽可能在长水槽中进行,这也便于非恒定流传播特性的研究。

目前非恒定流输沙方面的研究尚处于起步阶段,鉴于问题的复杂性,研究成果并不成熟,在某些问题上尚存在一定分歧:如涨落水期输沙率大小问题、非恒定流输沙与非恒定强度关系等等。对于非恒定流输沙的计算公式主要是通过纯经验公式或修正已有均匀流均匀沙输沙公式、或者量纲分析非恒定输沙的主要影响因子等手段建立非恒定流均匀沙输移公式,这些公式经验性强,适用范围有限,均未涉及非恒定流作用下泥沙的起动、输移的机理问题。对于清水作用下沙卵石的粗化问题,目前大都基于恒定均匀流条件,虽有学者通过连续小幅增大水流强度研究粗化层破坏,但未考虑涨落水过程以及非恒定强度对粗化过程及粗化层破坏的影响。

1.4 本书的研究思路与主要内容

本书拟将枢纽下泄非恒定流过程与沙卵石运动结合起来,重点研究非恒定流作用下的水动力及输沙特性,并研究沙卵石运动对枢纽非恒定泄流的响应机理,揭示非恒定流作用下沙卵石输沙过程及粗化机理,以丰富非恒定流输沙理论。建立了一套长 40 m、宽 0.8 m、深 0.8 m 的水槽非恒定流及其输沙试验的自动控制与采集系统。其中粗糙床面垂线流速分布采用粒子图像速度场仪 PIV(Particle Image Velocity)同步实时测量,先进的量测仪器以及自动化的控制、采集系统保证了试验的精度。在此基础上,首先进行恒定均匀流流速分布及沙卵石起动试验,探讨了粗糙床面均匀流垂线流速分布以及沙卵石粗细颗粒之间相互作用的机理问题。然后进行粗糙床面非恒定流试验,探讨非恒定流作用下垂线流速分布、垂线平均流速变化、床面切应力变化以及非恒定流传播特性。之后进行非恒定流作用下均匀沙平衡输移试验,研究非恒定流作用下均匀沙的起动、输移特性;最后进行非恒定清水作用下沙卵石输移试验,研究非恒定流作用下沙卵石床面的粗化过程,以及水流非恒定性、床沙非均匀性对沙卵石输移的影响。主要内容包括:

第一章为绪论。对明渠非恒定流特性、沙卵石输移特性以及非恒定流推移质输沙研究现状进行系统的归纳和总结,指出其中存在的问题和有待进一步研究的方向,明确本书的主要研究工作。

第二章为水槽试验设计及非恒定流输沙试验系统。构建了一套水槽非恒定流及其输沙试验的自动控制与采集系统,为本书的试验工作奠定基础;并提出了表征枢纽泄流非恒定流强度的无量纲参数 P。

第三章为恒定均匀流流速分布及沙卵石起动试验研究。开展了粗糙床面均匀流垂线流速分布试验,以及中值粒径相同、非均匀性不同的 3 种沙卵石的起动规律试验,研究均匀流垂线流速分布以及沙卵石在水流作用下粗细颗粒之间的作用机理。

第四章为粗糙床面非恒定流定床试验研究。开展了明渠粗糙床面非恒定流流速分布、垂线平均流速变化、床面切应力变化以及非恒定流传播特性的研究。

第五章为非恒定流作用下均匀沙输移试验研究。开展了非恒定流作用下均匀沙平衡输移试验,探讨了非恒定流作用下泥沙的起动问题,以及非恒定流作用下推移质的输移特性,重点讨论了非恒定流泥沙输移与流量、非恒定参数之间的关系,并从理论上推导了非恒定流作用下推移质输沙率公式。

第六章为非恒定清水作用下沙卵石输移试验研究。研究了非恒定流作用下沙卵石床沙的粗化过程、输沙率变化过程,以及水流非恒定性、床沙非均匀性对沙卵石输移的影响,给出了非恒定清水作用下沙卵石输沙率经验公式。

第七章为结论与展望。对本书的研究工作进行总结,指出其中有待进一步研究的问题。

第二章 水槽试验设计及非恒定流输沙试验系统

为研究枢纽非恒定泄流对沙卵石的作用机制，采用水槽试验结合理论分析的技术路线，通过概化枢纽下泄非恒定水沙条件、沙卵石床沙级配，并构建一套非恒定流及其输沙试验系统，为开展水槽试验奠定基础。

2.1 水槽试验设计

2.1.1 枢纽下泄非恒定水沙条件概化

水利枢纽建成后，大量泥沙拦截在大坝上游，洪水期枢纽一般敞泄释放洪水，不对来流过程进行调节，而中枯水期受枢纽调节后下泄水流的含沙量较低（几乎为清水），同时下泄水流中所含的泥沙通常为冲泻质，不参与造床作用，本书主要针对受枢纽调节的中枯水期，因而不考虑枢纽下泄的泥沙条件。

自然来流条件下的日流量及水位均较为稳定，变幅较小，只有汛期受暴雨山洪影响时才有较大的变幅；而枢纽下游河段流量、水位的日变化完全受电站调峰发电影响，而频繁大幅波动。水电站调峰日负荷（对应电站下泄流量）的给定方式一般有两种[172]：一是瞬间负荷给定值方式，即由电网实时下达给定值让电站执行，通常库容大、调节性能好、机组容量大，在电网中承担调峰、调频的水电站采用这种方式；二是日负荷给定曲线的方式，即电网调度中心前一日下达当日的负荷给定值曲线。

（1）非恒定流波形概化

收集国内部分水电站日调节流量过程，分别为金沙江向家坝电站枯水期各月设计典型日下泄流量过程[173]，乌江思林电站[174]、西江长洲枢纽[175]、红水河龙滩电站坝下天峨水文站[176]、赣江万安电站[177]、广东梅江蓬辣滩电站[13]实测日调节坝下流量过程（图2.1）。可见，电站日调节非恒定流波形（电站下泄流量随时间的变化过程）完全受电站调峰发电的影响，一般地，电站日调节运行后，电站负荷不断发生变化,机组运行数量及机组负荷也跟随变化,通常,电网在调度过程中要求机组由零负荷升至多台机组满负荷运行时间不得超过某一时间,以满足用电需求。

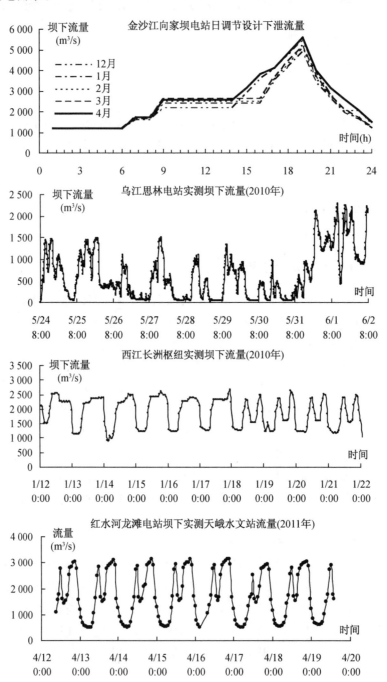

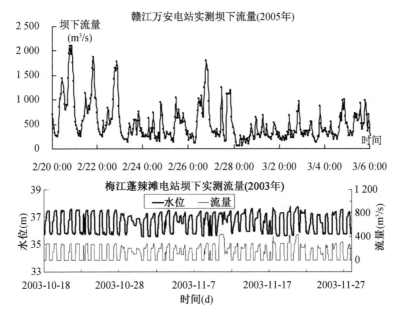

图 2.1　金沙江向家坝电站、乌江思林电站、西江长洲枢纽、红水河龙滩电站

坝下天峨水文站、赣江万安电站、梅江蓬辣滩电站下泄流量过程[13,173-177]

电站实际运行过程中,下泄的非恒定流波形较为复杂,为便于波形参数对水流特性、输沙特性的影响研究,可将非恒定泄水过程概化为连续的三角波过程(图 2.2)。连续三角波条件下涨水或落水的整个过程水流的非恒定性(dQ/dt)保持不变,便于分析水流非恒定性对输沙的影响。

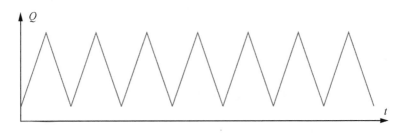

图 2.2　枢纽下泄非恒定流波形概化简图

考虑枢纽下泄流量的非恒定性(dQ/dt),对单个对称非恒定流波(涨水与落水时间相同)而言,有四种概化方式(图 2.3):

概化 I:非恒定性不同的来流过程,一个周期 T 内(来流过程由基流 Q_b 上涨至峰值流量 Q_p 再降落至基流 Q_b 所持续的时间)枢纽下泄的径流量保持不变,同

时下泄基流 Q_b 不变,但非恒定波周期 T 不同,非恒定程度越大,对应波周期 T 越短。

概化 Ⅱ:一个周期内枢纽下泄径流量保持不变,平均流量 $\overline{Q}$、波周期 T 保持不变,但枢纽下泄基流 Q_b 不同,非恒定程度越大,对应 Q_b 越小。

概化 Ⅲ:一个周期内枢纽下泄径流量不同,非恒定程度越大,下泄径流量越大,但基流 Q_b、波周期 T 均保持不变。

概化 Ⅳ:一个周期内枢纽下泄径流量不同,下泄基流 Q_b、峰流 Q_p 均相同,但波周期 T 不同。

上述四种概化方式在电站实际运行过程中均有可能发生,考虑通常情况下,电站下泄基流较为固定,为方便问题的研究,本书以概化 Ⅰ(电站下泄径流量相同、基流流量固定、涨水与落水时间相同、下泄流量变率不同)、概化 Ⅳ(电站下泄径流量不同、基流流量、峰值流量固定、涨水与落水时间相同、下泄流量变率不同)作为非恒定流试验波形进行水槽试验。

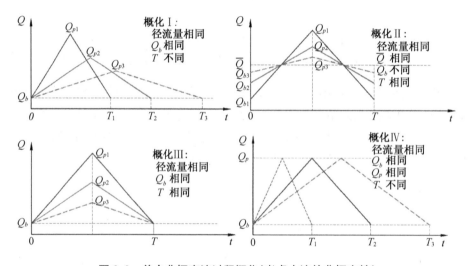

图 2.3　单个非恒定流过程概化(考虑水流的非恒定性)

(2)非恒定参数的确定

受水电站发电调峰的影响,水利枢纽下泄流量过程常呈现较强的非恒定性,非恒定泄水波在向坝下游传播的过程中,由于受摩阻、槽蓄等影响,坝下水位、流量的变幅常逐渐减小,坝下沿程水位、流量变化率的大小直接反映了枢纽泄流非恒定强度的大小以及非恒定强度沿程的变化。前人针对单个洪水波波形("‿∧‿")提出了多个表征非恒定强度的参数,如 Γ、Γ'、α、Ω、P_{gt},其表达式分别见式(1.10)~式(1.14),前人提出的非恒定强度参数中非恒定项为水深变化率

($\Delta h/T_r$)或单宽流量变化率($\Delta q/T_r$),另含有基流摩阻流速(U_{*b})、基流或峰流垂线平均流速(U_b或U_p)、或河道底坡(S_0)。明渠非恒定流研究中确定摩阻流速最常用的方法是根据实测对数区垂线流速分布反算U_*,而对于天然河道,受地形影响,近底流速未必符合对数分布;天然河道恒定流的摩阻流速常根据水深h、水面比降S_w计算得到,即$U_*=(ghS_w)^{0.5}$,对于非恒定流,本书水槽试验表明非恒定流传播过程中水面比降先于摩阻流速达到最大值(详见4.3节),即U_*与S_w不同步,两者不同步时间与水流非恒定强度有关,不适宜直接由基流水面比降确定U_{*b}。因而对于枢纽下泄的非恒定流波,常为连续下泄的日调节波,确定U_{*b}难度大。

在水文测验中水深h、流量Q为两个基本水力要素,易测量得到,且$\Delta h/T_r$、$\Delta Q/T_r$反映了水流平均非恒定强度,对$\Delta h/T_r$、$\Delta Q/T_r$进行量纲分析,得到基于水深变化率、流量变化率的无量纲非恒定参数P:

$$P_{r,f} = \begin{cases} \dfrac{1\,000BT_{r,f}}{Q_p - Q_b}\left(\dfrac{h_p - h_b}{T_{r,f}}\right)^2 & Q_p \neq Q_b \\ 0 & Q_p = Q_b \end{cases} \tag{2.1}$$

式中:$P_{r,f}$为反映涨水或落水期水流平均非恒定强度的无量纲数,B为河宽(m),T为历时(s),下标r、f表示涨水或落水期,Q_p、Q_b分别表示非恒定流峰值流量(最大流量,m^3/s)、基流流量(最小流量,m^3/s),h_p、h_b分别表示非恒定流最大、最小水深(m)。P未乘$1\,000$时量级一般为$O(10^{-3})$,乘以系数$1\,000$主要目的是增大P的量级,以降低第五、六章建立经验关系中的指数值。对于恒定流($Q_p = Q_b$),水流非恒定强度为零,此时$P = 0$。

对于某一瞬时的水流非恒定参数相应的为:

$$P = \begin{cases} 1\,000B\left(\dfrac{dh}{dt}\right)^2 \Big/ \left(\dfrac{dQ}{dt}\right) & dQ/dt \neq 0 \\ 0 & dQ/dt = 0 \end{cases} \tag{2.2}$$

利用$Qu^{[31]}$试验数据,计算并点绘了参数P与Γ'、α、Ω、P_{gt}之间的关系(图2.4),可见,除了P_{gt}以外,P与Γ'、α、Ω之间呈现相同的线性变化趋势,表明参数P同样能反映涨落水期水流的平均非恒定强度。

本书所提出的非恒定流强度参数P对量化枢纽泄流的非恒定强度以及该因子对输沙的影响具有重要的意义,同时该参数的确定仅需确定非恒定泄水波作用下河道的水深、流量变化率及河宽等基本水力要素,与前人提出的非恒定流强度参数相比本参数更容易确定,便于推广应用,本书后续章节将以该参数P

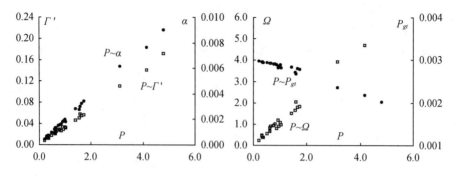

图 2.4 无量纲非恒定参数 P 与 Γ'、α、Ω、P_{gt} 之间关系

作为因子探讨不同非恒定流强度对非恒定流水动力特性、输沙特性的影响。

2.1.2 试验沙选择及配制

沙卵石是指沙质与卵石两者按照一定比例混合得到一种级配宽广的非均匀沙,按卵石含量的多少可分为卵石夹沙与沙夹卵石。本书主要研究位于山区或丘陵区河流水电枢纽下游的卵石夹沙河床,其粒径范围宽广,最大与最小粒径之比可达百倍以上,在水流作用下,床沙发生粗化,通常 $1\sim10$ mm 的砾石很少,泥沙级配曲线常呈"躺椅"状,粒径频率曲线呈双峰型。

试验泥沙选择天然沙,可避免其它模型沙在形状、圆度、水下休止角等方面与天然沙卵石的差异,同时考虑水槽动力条件等因素,选择粒径 $0.2\sim10$ mm 的天然沙模拟天然卵石夹沙,两端粒径变化达 50 倍。设计中值粒径 d_{50} 相同、非均匀性不同的 3 个沙样(表 2.1、图 2.5),1#、2#、3#沙样的 d_{50} 均为3.2 mm,非均匀系数 $\eta(=\sqrt{d_{75}/d_{25}})$ 分别为 1.14、1.37、1.76,其中 1#沙为均匀沙,2#、3#为非均匀沙卵石。设计的沙样实际配制过程如下:由振动筛初筛 5 组不同粒径大小的均匀沙,其中粒径组 $0.1\sim1$ mm、$1\sim2$ mm 的均匀沙为天然黄沙($\rho_s=2\ 630$ kg/m³),粒径组 $2\sim4$ mm、$4\sim6$ mm、$6\sim10$ mm 的均匀沙由天然大颗粒卵石($\rho_s=2\ 710$ kg/m³)经过粉碎、打磨筛选而成,按设计沙样中各粒径组占设计沙样总量的百分比,由 5 组不同粒径大小的均匀沙按不同的比例混合配制而成。各设计试验沙级配见表 2.1、图 2.5,配制后的 3 个沙样见图 2.6。

2.1.3 试验水流条件确定

根据 2.1.1 节概化的连续三角形波,试验的水流条件主要是确定水槽进口流量过程(包括基流 Q_b、峰值流量 Q_p、波周期 T)以及水槽尾门控制条件。

表 2.1 试验沙设计沙样级配及特征参数

粒径组(mm)		粒径 (mm)	小于某粒径的质量百分比(%)		
			1#沙样	2#沙样	3#沙样
	8~10	10			100
	6~8	8		100	97.9
	5~6	6		96.2	79.5
	4~5	5	100	85.3	71.0
	2.5~4	4	96.4	69.3	60.8
	2~2.5	2.5	11.7	31.4	38.0
	1.2~2.0	2	2.8	16.7	29.5
	0.75~1.2	1.2	0.7	1.6	13.5
	0.5~0.75	0.75	0.1	0.4	3.5
	0.4~0.5	0.5	0	0.1	0.9
	0.3~0.4	0.4		0	0.3
	0.2~0.3	0.3			0.1
	0.1~0.2				0
d_{50}(mm)			3.2	3.2	3.2
$\eta(=\sqrt{d_{75}/d_{25}})$			1.14	1.37	1.76
$\sigma_g(=\sqrt{d_{84.1}/d_{15.9}})$			1.20	1.57	2.22
d_{95}/d_5			1.78	4.06	8.93

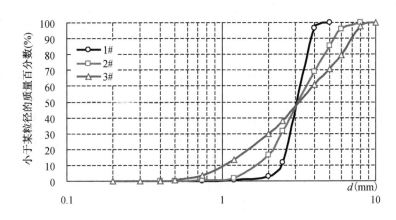

图 2.5 试验沙级配

图 2.6　配制后的沙样(从左往右分别为 1♯、2♯、3♯沙样)

(1) 水槽进口流量过程

前人对非恒定流(主要为洪水波)及其输沙的研究中,试验采用的波周期变化范围较广(表 2.2),如刘春晶[156]试验波周期仅 10~20 s,而 Yen 和 Lee[22]试验波周期达 10 800~25 200 s。从非恒定流强度参数 P 的表达式(2.1)来看,非恒定流波周期的大小是影响非恒定流强度大小的一个重要因子,根据前人的试验资料,计算非恒定流强度参数 P(表 2.2),可以看出,刘春晶[156]试验 P 达 0.61~2.61,Yen 和 Lee[22]试验 P 仅 0.01~0.03。水槽试验进口流量过程 (Q_b,Q_p,T) 的确定应使其非恒定流强度参数 P 值能包含水利枢纽实际泄流中可能发生的情况。

水利枢纽下泄非恒定流波(日调节波)的波周期受电站调峰发电控制,如金沙江向家坝电站枯水期典型下泄非恒定流波周期为 18 h,乌江思林电站实测非恒定流波周期约为 2~8 h,赣江万安电站约为 2~15 h(图 2.1)。根据乌江思林电站、赣江万安电站坝址处实测水位、流量、波周期资料(图 2.1),计算非恒定参数 P[式(2.1)],得到 2010 年 5 月 24 日思林电站坝址处非恒定流强度参数 $P=$ 0.27~0.3,2005 年 1 月 1 日万安电站坝址处 $P=0.025$~0.027。可见,枢纽下泄非恒定流强度 P 的量级一般 $O(10^{-2})$~$O(10^{-1})$,较大多数学者进行洪水波试验的 P 值小得多,几乎相差一个数量级,尽管枢纽泄水波的 P 较洪水波小,但洪水波一般为单波,而水利枢纽下泄的非恒定流波常为连续波,其对泥沙输移的影响不容忽视。

表 2.2　国内外学者明渠非恒定流试验控制参数

学者	水槽尺寸 (m)	泥沙尺寸	非恒定流水文过程及尾门控制	非恒定流周期(s)	Q(l/s) q [l/(s·m⁻¹)]	h(cm)	非恒定参数
Phillips 和 Sutherland[178] (1990)	长×宽: 30×0.305 $L/B=98.4$ 底坡 2‰	均匀细砂 $d_{50}=1.8$ mm $\sigma_g=1.124$	单增 清水冲刷 尾部壅+自由出流	30/300/ 600/1 200/ 1 800	q_b:34.8 q_p:80~180		
Tu 和 Graf[21] (1993)	16.8×0.6×0.8 $L/B=28$ 底坡 2‰,5‰	$d_{50}=13.5,23$ mm 砾石,定床	类似三角波	110/220		$h_b=6.6\sim15.7$ $h_p=21.2\sim27.2$	$P=0.68\sim1.71$
Yen 和 Lee[22] (1995)	180°弯道 半径 4 m 宽度 1 m 底坡 2‰	非均匀沙 $d_{50}=1$ mm $\sigma_g=2.5$	不对称三角波 清水冲刷	10 800~ 25 200	$Q_b=20.0$ $Q_p=43.6\sim75$	$h_b=5.44$ $h_p=9.1\sim12.9$	$\Gamma'(\times10^{-3})=$ 0.14~0.71 $P=0.01\sim0.03$
Bestawy 等[154] (1995)	9.0×0.4×0.4 $L/B=22.5$ 动床段 5.0 m 底坡 (‰): 3/6/ 8/10.4	天然沙 $d_{50}=4$ mm	三角波 自由出流	60~175	q_b:25~64	$h_b=3.9\sim9.7$ h_p: 7.51~13.89	$P=0.52\sim1.41$
Nezu 等[18] (1997)	10×0.4×0.5 $L/B=25$ 底坡 0.1/600,10⁻⁴	光滑床面	正弦波 尾部壅+自由出流	60/90/120	Q_b:1.2~5.0 Q_p:3.6~16.1	$h_b=4.0\sim7.2$ $h_p=5.85\sim8.7$	$\alpha(\times10^{-3})=$ 0.52~3.45 $P=0.47\sim1.25$
Song 和 Graf[153] (1997)	16.8×0.6×0.8 $L/B=28$ 试验段长 10 m 底坡 (‰): 0.25/ 0.5/0.75/0.9/ 1/1.25	均匀沙 $d_{50}=1.23,0.58$ cm $\gamma_s=2.75$ t/m³ $\varphi=35°$	不对称波 加沙-平衡输沙 自由出流	26~132	q_b:0.7~1.6 q_p:0.9~3.1	$h_b=8.3\sim15.9$ $\Delta h=1.1\sim6.6$	$\Gamma'(\times10^{-3})=$ 10.7~62.0 $P=0.4\sim2.75$

续表

学者	水槽尺寸（m）	泥沙尺寸	非恒定流水文过程及尾门控制	非恒定流周期（s）	Q(l/s) q [l/(s·m⁻¹)]	h(cm)	非恒定参数
Sutter等[155] (1999)	长 11，断面·半圆形，直径 0.39 $L/D=28.2$ 试验段长 4 m 底坡 3‰	细沙 $d_{50}=0.23、0.32$ mm	对称及不对称三角波；梯形波	120/140/160	$Q_b=5.0$ $Q_p=41.5$		
Qu[31] (2003)	$16.8\times0.6\times0.8$ $L/B=28$ 试验段 9.22 m 底坡 3‰	天然砾石均匀沙 $d=3\sim8$ mm $\rho_s=2.65$ t/m³ $d_{50}=5.8$ mm	对称及不对称三角波、单增、单减 自由出流	20/60/100/300/600	$Q_b=34.3\sim53.2$ $Q_p=135.1\sim167.5$	$h_{hb}=9.1\sim12.4$ $h_p=18.2\sim21.2$	$\Gamma'(\times10^{-3})=$ $6.6\sim210.2$ $P=0.18\sim5.28$
Lee[25] (2004)	$21\times0.6\times0.6$ $L/B=35$ 底坡 2‰	均匀沙 $d_{50}=2.08$ mm $\sigma_g=1.38$	对称三角波 清水冲刷 调整尾门保持水面比降接近底坡	1 260~4 800	$q_b=40$ $q_p=50\sim140$	$h_p=9.9\sim20$	$\Gamma'(\times10^{-3})=$ $0.22\sim2.88$ $P=0.01\sim0.12$
刘春晶[156] (2006)	$20\times0.295\times0.4$ $L/B=67.8$ 试验段 16.8 m 底坡 1.21‰	煤渣均匀沙 $r_s=1.48$ t/m³ $d_{50}=2.19$ mm	连续正弦波 调节尾门水位，保证周期内各测点平均水位相等	10/15/20		$h_{hb}=4.22\sim4.87$ $h_p=4.74\sim5.21$	$\Gamma'(\times10^{-3})=$ $35.1\sim134.1$ $a(\times10^{-3})=1.3\sim5.6$ $P=0.61\sim2.61$
胡江[53] (2008)	$28\times0.56\times0.7$ $L/B=50$ 底坡 3‰、5‰	光滑壁面	连续正弦波 自由出流	10/20/50	$Q_b=1.35\sim1.45$ $Q_p=3.4\sim3.45$		
Bomnar等[32] (2011)	$18\times0.8\times0.75$ $L/B=22.5$ 底坡 5‰	天然砾石均匀沙 $d_{50}=4.8$ mm $\sigma_g=1.4$	不对称三角波；梯形波	81~1 290	$Q_b=12$ $Q_p=53\sim86$	$h_b=4\sim7$ $h_p=9\sim12$	$P_{gt}(\times10^{-3})=$ $2.1\sim4.9$ $P=0.16\sim3.44$

注：L/B 为试验水槽的长宽比；d 为泥沙粒径；σ_g 为泥沙粒径几何均方差；$\Gamma=\frac{1}{U_{*b}}\frac{h_p-h_b}{T_r}+T_d$；$\Gamma'=\frac{1}{U_{*b}}\frac{h_p-h_b}{T_r}$；$a=\frac{1}{(U_b+U_p)/2}\frac{h_p-h_b}{T_r}$；$P_{gt}=\frac{|gS_0-\Delta h|/T_r}{g}$；$P=\frac{1000BT_r}{Q_p-Q_b}(\frac{h_p-h_b}{T_r})$；$Q$、$q$ 分别为流量、单宽流量；下标 b、p 分别表示基流、峰流；h 为水深；γ_s 为泥沙容重；φ 为泥沙水下休止角。

本书水槽试验中单个非恒定流波周期 T 拟定 $60\sim96$ s，基流流量 Q_b 的确定主要考虑该条件下泥沙已处于起动状态，确定 Q_b 为 44 l/s，峰值流量 Q_p 为 $80\sim120$ l/s，对应流量变率 $0.75\sim2.11$，具体概化特征流量参数见表 2.3。在所概化的流量过程下，后文试验中确定了实际 P 值，如非恒定流定床试验 P 为 $0.16\sim0.79$（表 4.1），非恒定流作用下均匀沙输移试验 P 为 $0.18\sim0.38$（表 5.1），非恒定清水作用下沙卵石输移试验 P 为 $0.20\sim0.45$（表 6.1），可以看出，本书概化的水槽进口流量过程可反映枢纽泄流的非恒定性。

表 2.3　非恒定流波特征流量概化

序号	基流 Q_b(l/s)	峰值流量 Q_p(l/s)	周期 T(s)	流量变率 $\frac{dQ}{dT_r}$(l/s²)
1	44	120	72	2.11
2	44	104	80	1.50
3	44	90	88	1.05
4	44	80	96	0.75
5	44	104	60	2.00
6	44	104	70	1.71
7	44	104	90	1.33

（2）尾门控制条件

在水槽试验中，尾门的控制反映了下游河床的阻力变化，不仅与下游床沙粒径、床面形态等有关，而且与上游来流的非恒定性有关。非恒定流在向下游传播的过程中，受床面摩阻影响，将发生波的衰减和变形，表现为水流的非恒定强度逐渐减弱，并趋于恒定流。对于非恒定流水槽试验，水槽的长度一般有限，其尾门处通常仍受非恒定流影响。

前人在枢纽下泄非恒定流试验中对尾门的控制方式主要有两种：

①调节尾门保持试验段水面比降接近底坡，使得试验段各时刻或周期内平均的水流类似明渠均匀流。这种控制方式实际操作难度较大，另外，非恒定流下泄过程中将产生附加比降，即试验段水流的非均匀性明显，而附加比降的存在对泥沙输运有较大影响，人为的去除非恒定流的这种固有特性，其合理性是值得商榷的。

②尾门设置淹没堰，使得水流过堰后自由出流，堰的存在可维持试验段的水深。这种控制方式是目前非恒定流试验中较为常用的方式。堰体对上游水流的阻力随堰上水深的涨落而变化，从某种意义上来讲，可反映下游河床阻力的变化，应当指出堰的存在对靠近堰体附近的水流底部流速产生偏差，进而缩短了试验水槽的有效长度。

针对变坡水槽现有尾门形式,非恒定流试验过程中保持尾门开度不变,当尾门半开时,非恒定流波受尾门格栅回水影响形成反射波,并与入射波叠加,改变了非恒定流原有波形,当尾门敞泄时,受回水影响较小,波形与原有非恒定流波一致(图2.7)。针对上述两种尾门的控制方式,现有水槽的尾门形式采用第②种,结合水槽尾门现有的形式,试验时将尾门格栅全开,紧靠上游设置淹没堰,堰的高度与上游定床面的厚度相同(图2.8)。

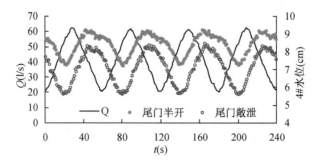

图 2.7 尾门开度不同对非恒定流波形
(4♯水位,位置见图 2.14)影响

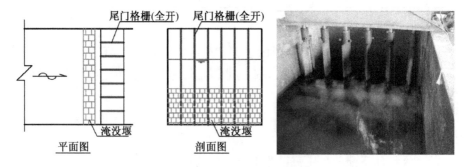

图 2.8 尾门控制形式示意图

2.2 非恒定流输沙试验系统

2.2.1 非恒定流控制系统

前人进行非恒定流及其输沙试验采用的水槽尺度一般较小(表2.2),长度 $L=9\sim30$ m,宽度 $B=0.295\sim0.8$ m,水槽长宽比 $L/B=22.5\sim98.4$,其中水槽宽度 $B\geqslant0.4$ m 所对应的 L/B 大多介于 $22.5\sim28$,本书试验采用的变坡水槽

（如图 2.9）全长 $L=40$ m、宽 $B=0.8$ m、深 0.8 m，长宽比 $L/B=50$，水槽尺度较前人试验水槽大，有利于紊流的充分发展，同时有利于减小水槽侧壁对试验结果的影响。

图 2.9 试验水槽

本书变坡水槽结构形式为翘板式钢架镶玻璃侧壁，通过其底部安装的钢结构支撑可实现槽底坡度调节，底坡可调范围 1/400～1/60，整个变坡水槽由两侧各 26 块玻璃侧壁组成，其中每块玻璃面长 1.5 m，

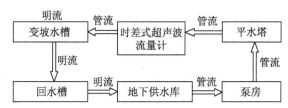

图 2.10 变坡水槽水流循环基本工作原理

高 0.8 m。水流循环运行是由泵房从地下供水库中抽水到平水塔，由平水塔经管道下泄稳定流至水槽（时差式超声波流量计），再由水槽出水口及回水槽将水流送回地下供水库，其水流循环基本工作原理见图 2.10。其中水槽进水口采用直径 2.5 cm，长 50 cm 的 PVC 管群进行消能，使进口水流沿水槽宽度方向均匀

分布(如图 2.11)。

图 2.11　水槽进口 PVC 管群消能设施

水槽进口流量控制系统由一套时差式超声波流量计、直行程双座调节阀、电子式电动执行器(图 2.12)、流量控制接口和计算机组成,计算机自动控制时,将电动执行器电压与超声波流量计流量的率定关系式代入,当实测的流量与试验给定的流量有偏差时,经计算机系统计算、调节,分别送出控制信号驱动放大电路给电子式电动执行器,调节变化后的流量经时差式超声波流量计再次反馈到计算机,再经调节控制,形成一个闭环自动控制系统,直至达到误差范围之内,流量测量控制偏差:恒定流时≤2%,非恒定流时≤5%。

图 2.12　电子式电动执行器

控制恒定流流量时,电动执行器电压与流量之间关系由静态率定得到(图 2.13),即调节电动执行器电压(1~5 v),待流量稳定后,点绘电动执行器电压(y)与流量(Q)之间的关系:

$$y = 0.199 + 0.131Q - 0.002Q^2 \tag{2.3}$$

控制非恒定流量时,电动执行器电压与流量之间关系由动态率定得到(图

2.13），即电动执行器电压由 1 v 逐步增至 5 v，步长为 0.03 v/s，再逐步减至 1 v，电动执行器电压变化过程中同步测量流量，点绘涨落水期电动执行器电压(y)与流量(Q)之间的关系：

$$y = 0.125 + 0.158Q - 0.003Q^2 \qquad 涨水 \qquad (2.4)$$

$$y = 0.160 + 0.107Q + 0.001Q^2 - 0.0001Q^3 \qquad 落水 \qquad (2.5)$$

出口尾门采用淹没堰加尾门格栅全开敞泄（图 2.8），非恒定流过程中尾门开度保持不变。

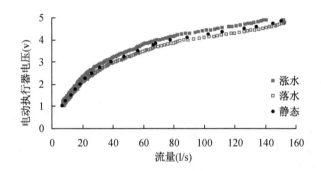

图 2.13　电动执行器电压与流量的关系

2.2.2　非恒定流测量系统

变坡水槽沿程共布置 5 个自动水位仪，3 个流速测量仪（ADV、Vectrino、PIV）；模型试验段长 15.09 m，试验段上游定床面粘天然卵石，确保水流进入试验段之前紊流充分发展，试验段下游定床面同样粘天然卵石，防止尾门回水影响试验段；在试验段尾部设置集沙槽，内设接沙容器，在顶部架设电子天平，用于测量输沙率的变化，具体布置见图 2.14。试验过程中流量、水位、输沙率、流速通过计算机控制，可同步实时测量。

（1）流量测量

采用时差式超声波流量计测量进口流量实时变化，其原理是利用超声波在水体中顺、逆流传播速度不同而引起的时间差测得水体速度并计算出流量。超声波流量计由传感器和转换器两部分组成（如图 2.15）。试验过程中，超声波流量计可实时将输出电压传输至计算机，输出电压为 1～5 v，流量(Q)与流量计输出电压(x)为线性关系（图 2.16）：

$$Q = 49.794x - 51.118 \qquad (2.6)$$

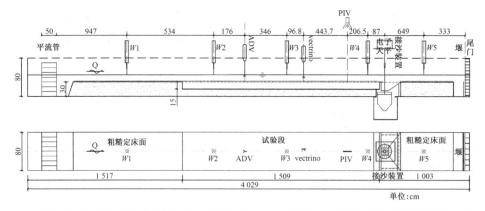

W1、W2、W3、W4、W5 为自动水位仪；ADV、Vectrino、PIV 为测流设备；本示意图未按实际比例绘制，图中单位为 cm。

图 2.14　水槽试验布置示意图

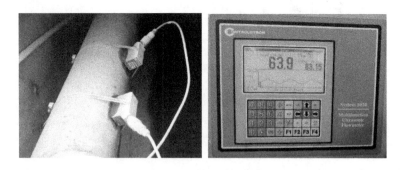

图 2.15　时差式超声波流量计传感器及转换器

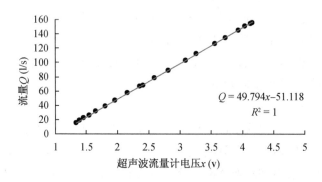

图 2.16　流量-超声波流量计输出电压关系

（2）水位（水深）测量

水位测量采用南京水利科学研究院研制的 NKY08-2 型探测式水位仪（图

2.17),试验过程中水位仪测针可跟随水面上下运动,水位仪分辨率 0.001 cm,准确度 0.01 cm,测量范围 0.01～40.00 cm,跟踪速度 1～5 cm/s。水槽试验过程中每秒采集一次水位值。

水深的测量采用水位仪所在位置处的水位减去该处床面高程得到。

(3) 流速测量

试验中垂线流速分布测量采用 PIV(面测量)、ADV(点测量)、Vectrino(点测量)等测流系统。

粒子图像速度场仪 PIV(Particle Image Velocity)采用丹麦 Dantec Dynamics 公司研制的二维 PIV 测速

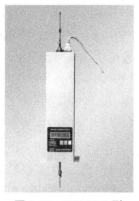

图 2.17 NKY08-2 型
探测式水位仪

仪。PIV 技术的基本原理(图 2.18)是通过拍摄并测量流场中跟随流体运动的颗粒(示踪粒子)的速度来反映流场速度。脉冲激光光源通过柱面镜和球面镜形成脉冲片光源,照亮流场中需要测量的流动区域,在两个瞬时时间点上用 CCD 相机(垂直于片光源)拍摄记录下流动区域中示踪粒子的图像,将图像数字化后送入计算机,对判别区域内数字化图像矩阵进行互相关运算,得到特定时间间隔内示踪粒子的位移,若示踪粒子跟随性足够好,由此可获得流场中的速度场分布。PIV 技术突破了空间单点测量技术的局限性,可在同一时刻记录整个流场的有关信息,具有空间分辨率高、获取信息量大以及无干扰连续测量的特点。

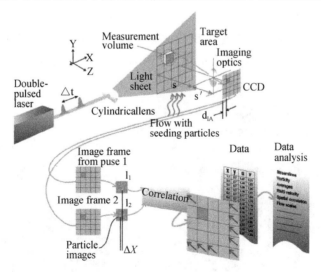

图 2.18 PIV 基本原理示意图

本书试验采用 PIV 系统包括以下组件:脉冲激光器(采用 New wave 公司产的 Solo 200XT 激光器,脉冲能量 200 mJ,脉冲频率 15 Hz);导光臂及片光源透镜组(360°旋转可动导光臂,柱面及球面透镜组);跨帧 CCD 相机(分辨率 2 048×2 048 像素);同步器(可接受外触发信号);图像采集及数据分析系统(DynamicStudio v3.12)。PIV 系统采样频率 0～15 Hz,即每秒最多可采集 7.5 对图片,对应流速测量频率为 7.5,测速范围 0～1 000 m/s。

声学多普勒点式流速仪 ADV(Acoustic Doppler Velocimeter):美国 SonTek 公司生产,运用多普勒原理,采用遥距测量的方式,对距离探头一定距离的采样点进行测量,可测量单点三维流速。试验采用的 MicroADV 基本参数:采样点距离探头距离为 5 cm,采样单元 0.09 cm³,采样频率 0.1～50 Hz,测量精度为测量值的 1%或 0.25 cm/s。

声学多普勒点式流速仪 Vectrino(小威龙):挪威 Nortek 公司生产,是 ADV 的升级替代产品,可测量单点三维流速。Vectrino 声学传感器包括一个发射换能器和四个接收换能器。Vectrino 由发射换能器发射一个短的声学脉冲,当该脉冲经过四个接收换能器的聚焦点时,"回声"被四个声学接收换能器同时接收。通过处理反射回来的声波,得到多普勒频移,多普勒频移还要根据水中声波的传播速度进行调整(温度也测量),流速的矢量数据以很快的速率传送到计算机。基本参数:采样点距离探头距离为 5 cm,采样点直径 6 mm,高度 3～15 mm,采样频率 0～200 Hz,测量精度为测量值的 0.5%或 1 mm/s。

(4)输沙率测量

水下输沙率的测量根据进入试验段下游接沙容器内泥沙重量的变化来计算,其重量由连接在接沙容器上的电子天平实时称重得到(图 2.19、图 2.20)。

图 2.19　接沙装置(电子天平、接沙漏斗、接沙容器)

电子天平为沈阳龙腾产,量程 30 kg,精度 0.1 g,通过 RS422 与计算机连接,每秒可采集 2~3 个数据。由电子天平称重得到的输沙率时间需扣除泥沙颗粒由床面落入接沙容器内的时间。试验过程中每秒采集一次接沙容器内的泥沙重量,当接沙容器内的泥沙接近满负荷时,采用直径为 2.5 cm 的虹吸管吸出,虹吸速度较快,一般 1~2 个非恒定波周期内能完全吸出接沙容器内的泥沙,对输沙试验影响较小。

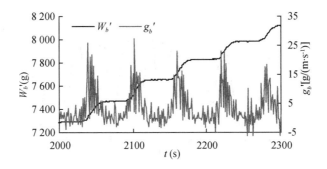

图 2.20　实测水下累积沙重 W_b' 及单宽输沙率 g_b'

2.2.3　系统稳定性检验

水槽试验中采用由计算机闭环控制电动执行器开度(对应直行程双座调节阀开度)的非恒定流生成系统,以产生稳定可重复的周期性非恒定流。图 2.21、图 2.22 为非恒定流(三角波)过程在不同时刻的实测流量以及水位波形,对比可见,本试验系统不但能生成周期性的三角形非恒定流,而且经过长时间的运行,非恒定流仍能保持较为稳定的波形,系统稳定性较好。

此外,对 3 种测流设备(PIV、ADV、Vectrino)的测量结果进行了比较,由图 2.23 可见,3 种测流设备测量得到的垂线流速分布量值基本一致。

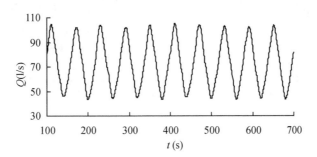

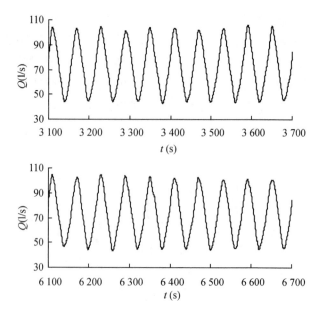

图 2.21　实测非恒定流流量过程(三角波波形)

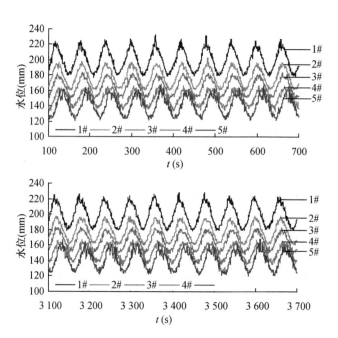

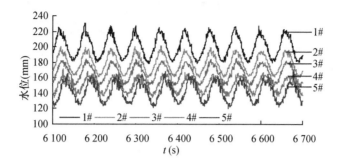

图 2.22　实测非恒定流水位过程

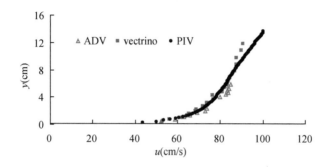

图 2.23　PIV、ADV、Vectrino 测量流速比较

2.3　本章小结

收集了国内部分水电站下泄的流量过程,在此基础上概化枢纽下泄非恒定流波形为三角波波形,并提出了反映枢纽泄水波非恒定强度的无量纲数 P,该参数的确定仅需确定非恒定泄水波作用下天然河道的水深、流量变化率及河宽等基本水力要素,便于实际应用,同时确定了水槽试验的进口流量过程以及尾门控制方式,即试验过程中保持尾门格栅为敞泄状态。选择天然沙作为试验沙,设计配制了中值粒径均为 3.2 mm,几何均方差分别为 1.20、1.57、2.22 的 3 种沙用于模拟天然河道的沙卵石。

构建了一套长 40 m、宽 0.8 m、深 0.8 m 的水槽非恒定流及其推移质输沙的控制与采集系统。其中水槽进口流量的控制通过调整电动执行器的开度变化来实现,流量值由超声波流量计测量;水位采用自动水位仪测量;粗糙床面垂线流速分布采用粒子图像速度场仪 PIV(Particle Image Velocity)同步实时测量;输沙率变化根据进入试验段下游接沙容器内泥沙重量的变化来计算,其重量由连接在接沙容器上的电子天平实时称重得到。通过检验,系统稳定性良好,先进的量测仪器以及自动化的控制与采集系统为本书后续试验工作的开展奠定了坚实的基础,同时也确保了试验的精度。

第三章 恒定均匀流流速分布及沙卵石起动试验研究

在研究非恒定流水力特性及其输沙特性之前,进行了恒定均匀流流速分布及沙卵石起动试验,探讨了粗糙床面均匀流垂线流速分布以及沙卵石粗细颗粒之间相互作用的机理问题。

3.1 恒定均匀流作用下流速分布

大量研究成果表明,当床面粗糙尺度 k_s^+ ($=k_s U_* /v$)<5 时,粗糙高度受黏性底层掩护,流速分布仅是 yU_* /v 的函数,此时为光滑床面;当 $5<k_s^+<70$ 时,粗糙高度进入过渡层内,流速分布既受 yU_* /v 的影响,又受粗糙高度 k_s 的影响,此时为过渡床面;当 $k_s^+>70$ 时,流速分布只受粗糙高度 k_s 的影响,此时称为粗糙床面。对于粗糙床面的内层区($y/h<0.2$)垂线流速分布符合对数分布:

$$\frac{u(y)}{U_*} = \frac{1}{\kappa} \ln \frac{y_T + y_0}{k_s} + B_r \tag{3.1}$$

式中:y 为测流点距离理论零点的距离,$y=y_T+y_0$;$u(y)$ 为测流点的平均流速;U_* 为摩阻流速;κ 为 karman 常数,取 0.41;y_T 为测流点距离床面泥沙颗粒顶部的距离;y_0 为理论零点($u=0$)距离床面泥沙颗粒顶部的距离;k_s 为粗糙高度,对均匀沙一般取泥沙粒径大小;B_r 为常数。

对于外层区($y/h>0.2$),一般认为存在尾流区,可用式(1.23)表示,对于二维明渠流,即水槽宽深比 $B/h>5.2$ 时最大流速出现于水面处[179],粗糙顶面至垂向流速最大位置的距离 δ 等于水深 h,外层区流速分布进一步可用下式表示:

$$\frac{u}{U_*} = \frac{1}{\kappa} \ln \frac{y_T + y_0}{k_s} + B_r + \frac{2\Pi}{\kappa} \sin^2 \left(\frac{\pi}{2} \frac{y_T + y_0}{h} \right) \tag{3.2}$$

式中:Π 为尾流强度系数,h 为水深。

对于定床粗糙床面,Keulegan[180]试验得到 B_r 为 8.5,Kironoto 和 Graf[181]

对 $k_s=2.3$ cm 的卵砾石床面试验得到 $B_r=8.47$,董曾南[49] 对 $k_s=1.0$ cm 的床面试验得到 $B_r=9.4$。对尾流函数,不同学者的试验结果有所不同。如董曾南(1994)认为 Π 与相对光滑度 h/k_s 有关,h/k_s 较小时,Π 随 h/k_s 增加而迅速增大,当 $h/k_s \geqslant 5$ 后 Π 趋于常量 0.23;Kironoto 和 Graf(1994)试验对 $k_s=23$ mm 的卵石床面 $\Pi=-0.03$,对 $k_s=4.8$ mm 的粗糙床面 $\Pi=0.09$。

将 1#沙($d_{50}=3.2$ mm)以密排的方式粘贴在试验段定床面上,进行了 6 组恒定均匀流试验,各组次试验水力参数见表 3.1。恒定流试验时保持水槽底坡 S_0 为 $2.65‰$,进口施放不同流量级的恒定流量,水槽尾门格栅全开敞泄,水槽内的水流由进口的非均匀流逐渐过渡至试验段的均匀紊流(水面比降 J 与水槽底坡 S_0 相等),至水槽出口段因受尾门格栅的阻水作用又形成非均匀流(图 3.1)。

表 3.1　恒定流定床试验水力参数

水力参数	组次						平均值
	SF1	SF2	SF3	SF4	SF5	SF6	
h(cm)	6.90	8.79	10.98	12.41	13.85	15.15	/
B/h	11.59	9.11	7.29	6.45	5.78	5.28	/
Q(l/s)	29.8	44.2	60.3	74.7	88.2	103.4	/
V(m/s)	0.54	0.63	0.69	0.75	0.80	0.85	/
S_0(‰)	2.65	2.65	2.65	2.65	2.65	2.65	/
S_f(‰)	2.69	2.61	2.62	2.65	2.72	2.74	/
R_b(cm)	6.40	7.99	9.84	10.92	12.05	12.97	/
$R_e(\times 10^5)$	1.14	1.69	2.31	2.86	3.38	3.96	/
F_r	0.66	0.68	0.66	0.68	0.68	0.70	/
k_s^+	70.4	77.5	86.1	91.3	97.1	101.1	/
U_{*0}(cm/s)	4.11	4.52	5.02	5.33	5.66	5.90	/
U_{*1}(cm/s)	3.94	4.37	4.76	4.82	4.92	5.71	/
U_{*2}(cm/s)	4.07	4.59	4.77	4.78	5.38	5.52	/
B_{r1}	8.79	9.12	8.27	9.31	9.18	8.58	8.88
B_{r2}	8.43	8.52	8.30	9.41	7.95	8.92	8.59
Π_1	0.050	0.054	0.021	-0.018	0.111	-0.066	0.025
Π_2	0	0	0	0	0	0	0

注:断面平均流速 $V=Q/Bh$,$B=0.8$ m;R_b 为床面水力半径;S_f 为能坡;雷诺数 $R_e=4hV/\nu$,ν 为水流运动粘滞系数;$F_r=V/(gh)^{1/2}$;摩阻流速 $U_{*0}=(gR_bS_0)^{1/2}$;$k_s^+=k_sU_*/\nu$,k_s 为床面粗糙高度;下标 1、2 分别表示流速分布按对数尾流律、对数律反算得到。

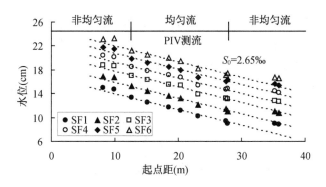

图 3.1　各试验组次水面线

在均匀紊流段中部沿水槽中纵线进行了 PIV 测流,各试验组次床面粗糙尺度 k_s^+ 均大于 70,表明床面为粗糙壁面,其内层区($y/h<0.2$)流速分布可由对数分布表示(图 3.2)。对粗糙床面而言,测流点的高度 y 需考虑理论零点的影响,本书在确定理论零点时,主要通过改变 y_0,使得内层区实测流速数据按式(3.1)进行回归分析得到的相关系数最大,此时下距床面泥沙颗粒顶部 y_0 处即为理论零点。根据对恒定均匀流实测流速分布分析得到 $y_0=0.25k_s$,k_s 取 d_{50}。对均匀流,取卡门常数 κ 为 0.41,按实测流速数据,由式(3.1)相关分析得到摩阻流速 U_{*1}、常数 B_{r1},再由式(3.2)利用最小二乘法计算得到尾流强度系数 Π_1。可见,按对数尾流流速分布得到的 B_{r1} 为 8.27~9.31,平均值 8.88,Π_1 为 -0.066~0.111,平均值 0.025,从 Π 值来看,外层区($y/h>0.2$)实测流速偏离对数分布不明显。

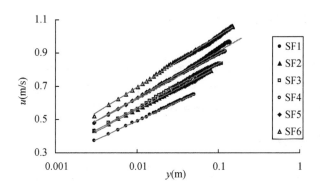

图 3.2　恒定均匀流垂线流速分布

进一步将对数流速分布应用到整个水深区域,对数分布拟合实测流速数据的相关系数均达到 0.998 以上,表明利用对数流速分布已完全可以表征明渠流的垂线流速分布,由式(3.1)相关分析得到常数 B_{r2} 为 8.30～9.41,平均值 8.59,本试验得到的粗糙床面 B_r 值与 Keulegan[180]、Kironoto 和 Graf[181] 试验结果基本一致,表明了试验方法及量测仪器的可靠性。

此外,分析了由不同方法计算得到的摩阻流速的差异,详见表 3.1,其中 U_{*0} 按均匀流底坡 S_0 计算得到:

$$U_* = \sqrt{gR_bS_0} \tag{3.3}$$

式中:R_b 为 Einstein 水力半径分割法计算的床面水力半径,可由下式确定:

$$R_b = h\left[1 - \frac{2}{B}\left(\frac{n_wV}{S_f^{1/2}}\right)^{3/2}\right] \tag{3.4}$$

式中:h 为水深;B 为水槽宽度 0.8 m;n_w 为水槽玻璃面糙率,取 0.009;S_f 为能坡,对均匀流取水槽底坡 $S_0 = 0.00265$;V 为断面平均流速,$V = Q/(Bh)$。

U_{*1} 按内层区流速为对数分布相关分析得到,U_{*2} 按整个水深区流速为对数分布相关分析得到,各方法计算得到的摩阻流速详见表 3.1,可见,U_{*1}、U_{*2} 较 U_{*0} 小,偏差率分别为 $-13.07\%～-3.22\%$、$-10.32\%～1.55\%$,平均偏差率分别为 -6.42%、-4.35%。总体上来说,由整个水深区按对数分布得到的 U_{*1} 较由内层区按对数分布得到的 U_{*2} 更接近 U_{*0}。

可见,对数流速分布可表征明渠流沿整个水深的流速分布。王殿常等[182] 指出,由于明渠流的理论床面和最大流速位置的不确定性,尾流函数表示的明渠流速分布与对数流速分布相比没有优越性。

3.2 恒定流条件下沙卵石起动规律

恒定流条件下的推移质均匀沙起动规律已有大量研究,研究成果相对较为成熟,本节主要对中值粒径相同、非均匀性不同的沙卵石的起动规律进行试验研究,探讨沙卵石在水流作用下粗细颗粒之间的作用机理。

3.2.1 沙卵石起动判别方法

沙卵石的起动一般可分成三个阶段:① 泥沙不起动;② 粗细颗粒分级起动;③ 粗细颗粒全部起动。

对沙卵石的起动标准而言,目前常采用的判别标准主要有两种:

(1)最大粒径判别法

采用推移质最大粒径与相应水流条件相联系推求得到最大起动粒径与水力

要素之间的关系式。

（2）输沙率判别法

点绘输沙率与水力参数之间的关系，外延或内插两者关系至输沙率达到某一小值时的水流条件作为起动条件。韩其为和何明民[65]、Parker[183]、White 和 Day[184]等提出过不同的分组无量纲输沙率为某一量值时作为非均匀分组起动标准。

本书采用 Parker[183]提出的分级起动标准，即

$$W_i^* = \frac{\left(\frac{\rho_s}{\rho} - 1\right) gg_{bi}}{\rho_s U_*^3 f_i} = 0.002 \tag{3.5}$$

相应的无量纲水流参数为

$$\tau_i^* = \frac{\tau_b}{(\rho_s - \rho) g d_i} \tag{3.6}$$

$$\tau_b = \gamma R_b S_f \tag{3.7}$$

式中：g_{bi} 为以质量计的推移质分组单宽输沙率，ρ_s、ρ 分别为泥沙和水的密度，U_* 为摩阻流速，f_i 为床沙中第 i 组粒径（d_i）所占的重量百分比，τ_b 为床面切应力，R_b 为床面水力半径，由式（3.4）确定，S_f 为能坡。

3.2.2　试验条件与方法

对设计的 3 个沙样（中值粒径 d_{50} 相同、非均匀性不同）进行了起动、输移试验，其中，1♯、2♯、3♯沙样的 d_{50} 均为 3.2 mm，非均匀系数 $\eta(=\sqrt{d_{75}/d_{25}})$ 分别为 1.14、1.37、1.76，几何均方差 $\sigma_g(=\sqrt{d_{84.1}/d_{15.9}})$ 分别为 1.20、1.57、2.22，1♯沙为均匀沙，2♯、3♯为非均匀沙卵石，各沙样主要级配详见表 2.1、图 2.5。试验过程中保持水深为 10 cm 左右，水流条件从床面几乎无泥沙运动至床面泥沙大部分发生运动，各组试验水力要素见表 3.2。

试验沙卵石铺沙长度 15.09 m，铺沙厚度 15 cm，为确保沙卵石粗细颗粒充分混合，铺沙前先洒水将试验沙处于潮湿状态，多次翻混后架断面板刮平床面，然后将断面板抽出并局部平整床面，从水槽尾端灌水并尽可能使泥沙颗粒不运动，至水位高出床面 5 cm 以上时，将进口流量逐渐增加至试验要求的流量，通过调整水槽底坡、尾门开度以保证试验段水流为均匀流条件（试验段水面比降与底坡相同），每隔 5～10 min 利用虹吸管抽出接沙容器内的泥沙颗粒，滤干水分对沙样进行称重，并计算单宽输沙率，随后将此沙样加在动床进口段，以确保试验

段为平衡输沙。当连续三个沙样的输沙率随时间基本不变化时,认为试验段已达到平衡输沙条件,此时测量沿程水位、水深、流速,并将接沙容器内泥沙抽出,进行烘干、称重、筛选,最终得到沙卵石不同粒径大小的分组输沙率。

表 3.2　恒定流沙卵石起动试验水力要素汇总表

沙样	工况	Q (l/s)	h (cm)	S_f (‰)	F_r	V (cm/s)	水温 (℃)	R_b (cm)	U_* (cm/s)	g_b [g/(m·s^{-1})]	床面形态	运行时间(hr)
1#	1#-1	49.37	10.20	2.38	0.61	60.50	31.0	9.25	4.65	0.016	平整	3.45
	1#-2	44.76	10.50	2.51	0.53	53.29	21.0	9.72	4.89	0.018	平整	3.45
	1#-3	51.06	9.91	2.76	0.65	64.40	31.9	9.00	4.93	0.079	平整	5.30
	1#-4	49.76	9.81	3.00	0.65	63.40	33.4	8.99	5.14	0.125	平整	2.37
	1#-5	50.93	9.81	3.06	0.66	64.90	33.3	8.97	5.18	0.226	平整	4.48
	1#-6	53.4	10.04	3.13	0.67	66.48	31.6	9.16	5.30	0.532	平整	3.12
	1#-7	55.38	10.16	3.21	0.68	68.13	32.4	9.26	5.40	1.298	平整	3.77
	1#-8	56.66	9.80	3.67	0.74	72.27	33.1	8.94	5.67	6.094	平整	5.62
2#	2#-1	47.63	10.04	2.39	0.60	59.30	33.0	9.13	4.62	0.049	平整	4.63
	2#-2	50.62	10.19	2.50	0.62	62.10	28.9	9.24	4.76	0.108	平整	5.35
	2#-3	50.74	9.61	2.93	0.68	66.00	32.7	8.74	5.01	0.349	平整	3.73
	2#-4	53.19	10.06	2.85	0.67	66.09	29.0	9.13	5.05	0.598	平整	6.40
	2#-5	56.24	10.58	2.89	0.65	66.45	28.2	9.60	5.22	0.625	平整	5.37
	2#-6	59.22	10.55	3.49	0.70	70.90	33.3	9.74	5.74	0.785	平整	6.93
	2#-7	58.35	10.30	3.65	0.70	70.81	32.8	9.42	5.81	4.353	平整	4.50
3#	3#-1	45.13	9.51	2.72	0.61	59.32	23.9	8.73	4.82	0.012	平整	7.50
	3#-2	47.68	9.16	2.51	0.69	65.07	26.7	8.25	4.51	0.048	平整	7.17
	3#-3	49.75	9.39	2.84	0.69	66.23	28.3	8.51	4.87	0.071	平整	6.93
	3#-4	52.92	9.97	2.86	0.67	66.35	25.2	9.04	5.04	0.400	平整	6.88
	3#-5	50.82	9.20	2.98	0.73	69.05	27.1	8.32	4.93	0.253	平整	7.22
	3#-6	54.93	9.99	3.25	0.69	68.73	26.0	9.10	5.38	0.996	平整	6.88

3.2.3　沙卵石起动规律

试验观测表明,试验初期床面上细颗粒泥沙先跳跃向下游运动,而相对较粗的颗粒在近底水流脉动力的作用下常先行颤动,当瞬间水流作用力超过保持颗粒稳定的力后,颗粒滚动或跃移向前运动(见图 3.3),随着水流对床面泥沙的分选作用,细颗粒泥沙受到粗颗粒的隐蔽作用加强,常不断颤动直至较大的脉动水流力将其脱离粗颗粒的掩护而下移,下移几率减小,而较粗颗粒相对暴露于床面受水流的作用加强,在瞬间较大水流力作用后发生滚动或跃移。

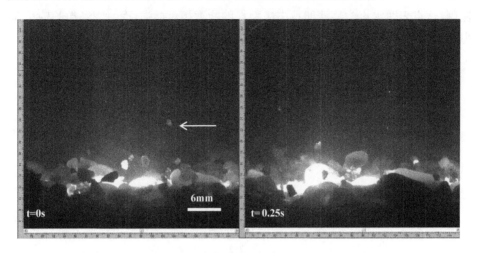

图 3.3　PIV 相机拍摄到的床面粗细颗粒跃移运动(时间间隔 0.25 s)

为了分析沙卵石床沙中细颗粒受到粗颗粒的隐蔽作用、以及粗颗粒被暴露后的起动水流条件与均匀沙的差异,采用 Parker[183] 提出的分级起动标准对 3 种沙进行了起动试验,整个试验过程中床面保持平整,未出现沙波现象,试验水流条件详见表 3.2,图 3.4 为 1♯、2♯、3♯沙不同粒径大小的输沙率参数 W_i^* 与对应切应力 τ_i^* 的关系,两者之间的拟合曲线采用 Parker 基于爱因斯坦低切应力下的推移质输沙公式的幂函数近似关系[74,185]:

$$W_i^* = 11.2\left(1 - \frac{0.853\, 1\tau_{ci}^*}{\tau_i^*}\right)^{4.5} \tag{3.8}$$

$$\tau_{ci}^* = \frac{\tau_{ci}}{(\rho_s - \rho)gd_i} \tag{3.9}$$

式中:τ_{ci}^* 为第 i 粒径泥沙的无量纲起动切应力,τ_{ci} 为第 i 粒径泥沙的起动切应力。

不同粒径组的起动切应力的确定方法如下:通过调整 τ_{ci}^* 值得到一系列 $W_i^* \sim \tau_i^*$ 拟合曲线,目估拟合曲线与该粒径组的 $W_i^* \sim \tau_i^*$ 实测数据的关系,选择适当的 τ_{ci}^* 值并由式(3.9)计算得到该粒径组的起动切应力 τ_{ci}(表 3.3)。从图 3.4 可以看出,不同粒径组颗粒的 $W_i^* \sim \tau_i^*$ 关系呈一簇簇独立的曲线,拟合曲线总体上与试验实测点匹配较好,图中虚线表示 $W_i^* = 0.002$,即泥沙起动临界条件,可见,分组起动切应力参数 τ_{ci}^*($W_i^* = 0.002$ 时的 τ_i^*)随着粒径的增加而减小,即粗颗粒的 τ_{ci}^* 较细颗粒的小,表明粗颗粒泥沙起动切应力相对减小,而细颗粒泥沙起动切应力相对增加。另一方面,粗颗粒的 $W_i^* \sim \tau_i^*$ 关系位于细颗粒的左侧,这也表明水流输移沙卵石中粗颗粒的能力相对加强,而对细颗粒的输移能力相对减弱,这反映了粗细颗粒之间的隐暴关系。

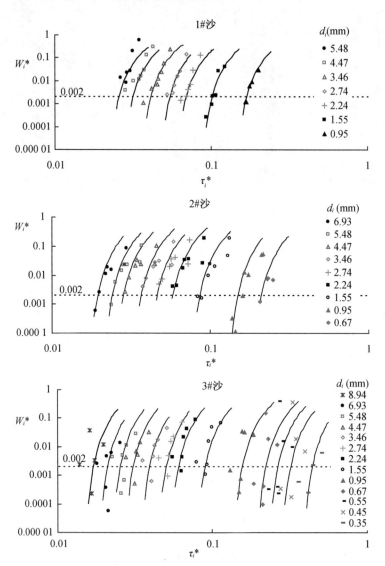

图 3.4　各组试验沙分组输沙率参数 W_i^* 与切应力 τ_i^* 关系

(图中虚线表示泥沙起动临界线)

表 3.3 各试验沙不同粒径组起动切应力

试验沙	d_i (mm)	τ_{ci} (N/m²)	d_i/d_{50}	τ_{ci}^*	τ_{ci}^*/τ_{c50}^*	试验沙	d_i (mm)	τ_{ci} (N/m²)	d_i/d_{50}	τ_{ci}^*	τ_{ci}^*/τ_{c50}^*
1#	5.48	2.39	1.71	0.026	0.56	3#	8.94	2.49	2.80	0.017	0.39
	4.47	2.40	1.40	0.032	0.68		6.93	2.38	2.17	0.021	0.49
	3.46	2.41	1.08	0.041	0.89		5.48	2.29	1.71	0.026	0.59
	2.74	2.53	0.86	0.055	1.18		4.47	2.27	1.40	0.031	0.72
	2.24	2.63	0.70	0.070	1.50		3.46	2.25	1.08	0.040	0.92
	1.55	2.65	0.48	0.102	2.18		2.74	2.29	0.86	0.051	1.18
	0.95	2.66	0.30	0.167	3.58		2.24	2.24	0.70	0.061	1.41
2#	6.93	2.21	2.17	0.020	0.49		1.55	2.30	0.48	0.091	2.09
	5.48	2.17	1.71	0.024	0.61		0.95	2.44	0.30	0.157	3.63
	4.47	2.09	1.40	0.029	0.72		0.67	2.43	0.21	0.222	5.13
	3.46	2.10	1.08	0.037	0.92		0.55	2.39	0.17	0.266	6.15
	2.74	2.09	0.86	0.047	1.17		0.45	2.36	0.14	0.322	7.44
	2.24	2.14	0.70	0.059	1.47		0.35	2.52	0.11	0.445	10.28
	1.55	2.19	0.48	0.087	2.17						
	0.95	2.33	0.30	0.150	3.76						
	0.67	2.31	0.21	0.211	5.27						
	0.55	2.43	0.17	0.271	6.78						

　　进一步分析沙卵石中不同颗粒之间的起动水流条件,不同粒径大小的均匀沙混合成沙卵石后,粗细颗粒的起动条件发生明显改变,表现为细颗粒部分位于 Shields 曲线之上,粗颗粒部分则位于 Shields 曲线之下,而中值粒径 d_{50} 点正好落在 Shields 曲线上,总体上不同粒径的起动切应力关系由均匀沙的单增关系,变为非均匀沙中粗细颗粒起动切应力基本不随粒径变化的关系,即非均匀沙中不同粒径大小的起动条件和与该非均匀沙具有相同中值粒径的均匀沙的起动条件基本相同。究其原因,细颗粒泥沙受到粗颗粒的隐蔽作用,较同粒径下的均匀沙难起动,即细颗粒部分起动切应力位于 Shields 曲线之上;而粗颗粒泥沙由于暴露于床面,受水流拖曳作用加强,较同粒径下的均匀沙容易起动,即粗颗粒部分起动切应力位于 Shields 曲线之下。非均匀沙中不同粒径大小的起动切应力可表示为

$$\tau_{ci} \approx \theta_c(d_{50})(\rho_s - \rho)g d_i \qquad (3.10)$$

式中:θ_c 为 Shields 数,d_{50}、d_i 分别为非均匀沙的中值粒径、以及第 i 组的粒径,ρ_s、ρ 分别为泥沙、水的密度。

点绘不同粒径的无量纲起动切应力 τ_{ci}^* 与相对粒径 d_i/d_{50} 关系(图 3.5),可以看出,τ_{ci}^* 随 d_i/d_{50} 的增加而减小,根据试验数据相关分析得到两者经验关系式

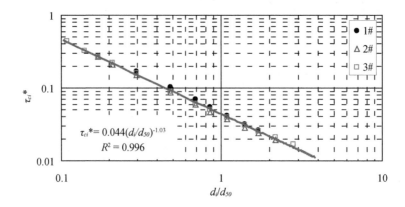

图 3.5　各组试验沙无量纲起动切应力 τ_{ci}^* 与相对粒径 d_i/d_{50} 关系

$$\tau_{ci}^* = 0.044\left(\frac{d_i}{d_{50}}\right)^{-1.03} \tag{3.11}$$

式(3.11)中 d_i/d_{50} 的指数为 -1.03,由 $-1.03 \approx -1$ 可以看出不同粒径的起动切应力基本相同。

进一步点绘相对起动切应力 τ_{ci}^*/τ_{c50}^* 与相对粒径 d_i/d_{50} 关系(图 3.6),可以得到

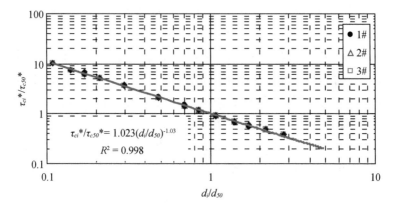

图 3.6　各组试验沙相对起动切应力 τ_{ci}^*/τ_{c50}^* 与相对粒径 d_i/d_{50} 关系

$$\frac{\tau_{ci}^{*}}{\tau_{c50}^{*}} = 1.023 \left(\frac{d_i}{d_{50}}\right)^{-1.03} \qquad (3.12)$$

式中：τ_{c50}^{*} 为非均匀沙中值粒径 d_{50} 的无量纲起动切应力，前已述及，$\tau_{c50}^{*} \approx \theta_c(d_{50})$，式(3.12)中系数 1.023、指数 -1.03 均与 1、-1 相当，同样说明不同粒径的起动切应力基本相同。

以上分析了沙卵石中粗细颗粒起动切应力与粒径的关系，对于不同级配 (d_{50}, σ_g) 的沙卵石，对于相同粒径大小的颗粒，当其处于非均匀性不同的床沙中时，其起动条件是否不同？即床沙的非均匀性是否对沙卵石的起动有影响？图 3.7 为不同粒径的相对起动切应力 $\tau_{ci}^{*}/\tau_{c50}^{*}$ 随几何均方差 σ_g 变化，总体上来看，细颗粒泥沙（粒径 $<d_{50}$）相对起动切应力 $\tau_{ci}^{*}/\tau_{c50}^{*}$ 随几何均方差 σ_g 加大而略有减小，而粗颗粒泥沙（粒径 $>d_{50}$）$\tau_{ci}^{*}/\tau_{c50}^{*}$ 随 σ_g 加大而略有增加。

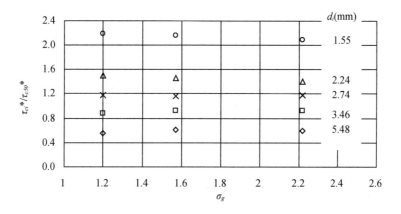

图 3.7　各组试验沙相对起动切应力 $\tau_{ci}^{*}/\tau_{c50}^{*}$ 随几何均方差 σ_g 变化

3.3　本章小结

进行了粗糙床面的均匀流流速分布试验，同时对 3 组沙卵石（中值粒径相同、非均匀性不同）的起动规律进行了试验研究，探讨了粗糙床面均匀流垂线流速分布以及沙卵石在水流作用下粗细颗粒之间的作用机理。

（1）明渠粗糙床面均匀流垂线流速分布一般可由对数尾流律公式表示，其中，karman 常数可取 0.41，并将内层区实测流速数据按对数律公式进行回归分析得到相关系数最大时的 y_0 作为理论零点，流速分布公式中参数 B_r 变化范围为 8.27~9.31，平均值 8.88，尾流强度系数 Π 为 -0.066~0.111，平均值 0.025，外层区流速偏离对数分布不明显。

（2）不同粒径大小的均匀沙混合成沙卵石后，粗细颗粒的起动条件发生明显改变，表现为细颗粒部分位于 Shields 曲线之上，粗颗粒部分则位于 Shields 曲线之下，而中值粒径 d_{50} 点正好落在 Shields 曲线上，总体上不同粒径的起动切应力关系由均匀沙的单增关系，变为非均匀沙粗颗粒起动切应力基本不随粒径变化的关系。

（3）不同粒径的无量纲起动切应力 τ_d^* 可由相对粒径 d_i/d_{50} 表示[式（3.11）]，相对起动切应力 τ_d^*/τ_{c50}^* 也可由相对粒径 d_i/d_{50} 表示[式（3.12）]。

第四章　粗糙床面非恒定流定床试验研究

非恒定流条件下推移质输移规律主要与作用于泥沙颗粒的水动力要素有关,如流速、床面切应力,在研究非恒定流输沙规律前,深入探讨非恒定流的水动力特性有助于揭示非恒定流对泥沙运动的作用机理。本章将 1♯沙($d_{50}=$ 3.2 mm)以密排的方式粘贴在试验段定床面上,开展了粗糙定床面非恒定流水动力特性的试验,分析了非恒定流作用下垂线流速分布、垂线平均流速变化、床面切应力变化以及非恒定流传播特性。

4.1　非恒定流作用下流速变化

4.1.1　非恒定流测流过程及数据处理方法

采用 PIV 系统测量非恒定流流速时,考虑到硬盘容量大小及测流样本数量,测流系统连续采集 25～40 个波周期,采样频率为 4 Hz,得到纵向长度约 18 cm、垂向为整个水深区域的二维瞬时流场。在瞬时流速场的基础上通过一定的数据处理得到非恒定流涨落水过程中不同时刻的垂向时均流速分布:首先沿水槽纵向约 5 cm 的长度(认为该区域垂向流速分布一致)提取 40 条垂线瞬时流速数据,则非恒定流波各相位在不同垂向位置的数据样本个数为 40× 4×(25～40)=4 000～6 400;其次,将样本数据依次进行秒内平均(将 1 秒内采集的 4 个数据进行算术平均)、同相位平均(由于非恒定流控制采集系统的稳定性良好,可将连续采集的 25～40 个波周期的相同相位的流速进行算术平均)、同高度平均(将位于 40 条垂线距离床面相同高度 y 的流速进行算术平均)得到非恒定流单波在不同时刻的垂向时均流速分布;最后对垂向不同高度的流速过程进行 4 阶快速傅里叶(FFT)变化进行光滑处理。非恒定流流速数据处理结果见图 4.1。

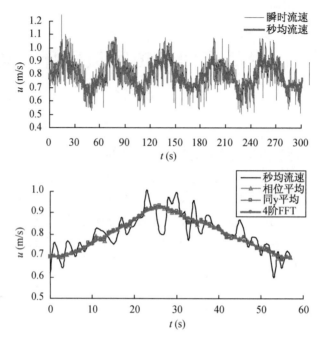

图 4.1　非恒定流流速数据处理结果

4.1.2　明渠非恒定流流速分布

采用 PIV 系统量测了明渠非恒定流的垂线流速分布,试验中进口非恒定流量过程采用三角波波形,尾门保持敞泄状态,共进行了 9 组试验。试验过程中主要以连续的三角波为主,作为比较进行了一组单波试验;水槽底坡以 2.65‰ 为主,另进行一组底坡为 4.52‰ 的试验作为比较。各组试验的基本水力要素详见表 4.1。其中,PIV 测流位置处的水深由相邻上下游水位线性内插得到 PIV 处的水位,再减去 PIV 处床面高程得到。

各组试验最小床面粗糙尺度 k_s^+ ($=k_s U_* /v$) 均大于 70,表明床面为粗糙壁面,图 4.2～图 4.4 分别为试验组次 UF3、UF5、UF8 在涨水期及落水期各特征时刻的垂向流速分布,$t/T_r=0$ (T_r 为涨水期时间) 为基流时的流速分布,$t/T_r=1$ 为峰流时的流速分布。基于粗糙床面在均匀流内层区 ($y/h<0.2$) 流速分布符合对数律的观点,采用对数律拟合非恒定流不同时刻的内层区流速分布(图 4.2～图 4.4),相关系数均大于 0.99,可见,非恒定流涨落水过程中内层区流速仍然符合对数分布。

表 4.1 定床粗糙床面非恒定流试验水力要素

试验组次	底坡 S_0(‰)	波形	周期 $T(s)$	基流						峰流						
				h_b(cm)	B/h_b	Q_b(l/s)	V_b(m/s)	R_{eb}(×10⁵)	F_b	h_p(cm)	B/h_p	Q_p(l/s)	V_p(m/s)	R_{ep}(×10⁵)	F_{rp}	P
UF1	2.65	连续波	72	10.99	7.28	43.86	0.50	1.68	0.48	14.78	5.41	118.62	1.00	4.54	0.83	0.43
UF2	2.65		80	10.76	7.43	44.21	0.51	1.69	0.50	13.40	5.97	103.78	0.97	3.97	0.85	0.23
UF3	2.65		88	10.28	7.78	43.97	0.53	1.68	0.53	12.44	6.43	89.72	0.90	3.43	0.82	0.18
UF4	2.65		96	10.81	7.40	43.69	0.51	1.67	0.49	12.68	6.31	80.24	0.79	3.07	0.71	0.16
UF5	2.65		60	10.55	7.58	44.63	0.53	1.71	0.52	13.37	5.98	103.23	0.96	3.95	0.84	0.36
UF6	2.65		70	11.73	6.82	44.15	0.47	1.69	0.44	14.41	5.55	102.75	0.89	3.93	0.75	0.28
UF7	2.65		90	11.52	6.94	44.21	0.48	1.69	0.45	14.45	5.54	103.52	0.90	3.96	0.75	0.26
UF8	2.65	单波	60	8.82	9.07	43.37	0.61	1.66	0.66	13.05	6.13	103.56	0.99	3.96	0.88	0.79
UF9	4.52	连续波	60	7.78	10.28	44.35	0.71	1.70	0.82	11.01	7.27	103.76	1.18	3.97	1.13	0.47

注：断面平均流速 $V=Q/Bh$，$B=0.8$ m；雷诺数 $R_e=4hV/\nu$，ν 为水流运动粘滞系数；$F_r=V/(gh)^{1/2}$；非恒定参数 $P=\dfrac{1000BT_r}{Q_p-Q_b}\left(\dfrac{h_p-h_b}{T_r}\right)^2$，$T_r$ 为涨水期时间。

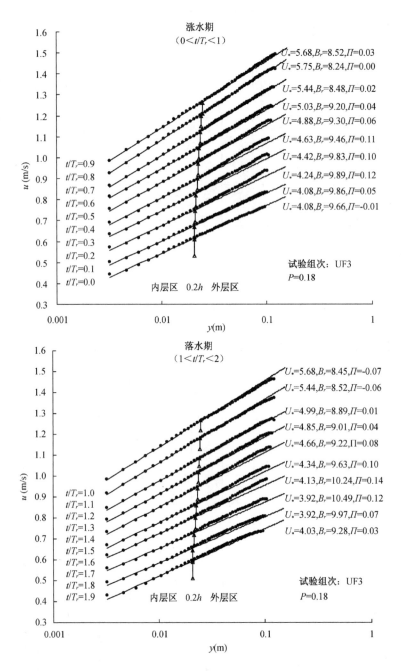

图 4.2　非恒定流作用下实测垂线流速分布(试验组次 UF3,P=0.18)

(为清晰显示不同时刻的流速分布,涨水期 t/T_r=0.1～0.9 流速在原基础上分别上移 0.05,0.1, 0.15,…,0.45 m/s,落水期 t/T_r=1.0～1.8 流速依次上移 0.45,0.40,0.35,…,0.05 m/s)

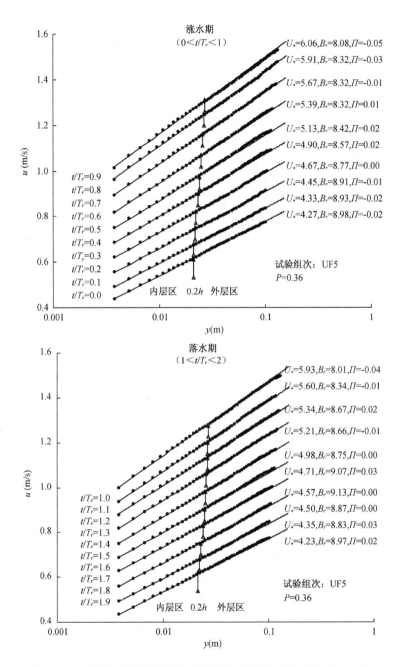

图4.3 非恒定流作用下实测垂线流速分布(试验组次 UF5,P=0.36)

(为清晰显示不同时刻的流速分布,涨水期 $t/T_r=0.1\sim0.9$ 流速在原基础上分别上移 0.05,0.1,0.15,…,0.45 m/s;落水期 $t/T_r=1.0\sim1.8$ 流速依次上移 0.45,0.40,0.35,…,0.05 m/s)

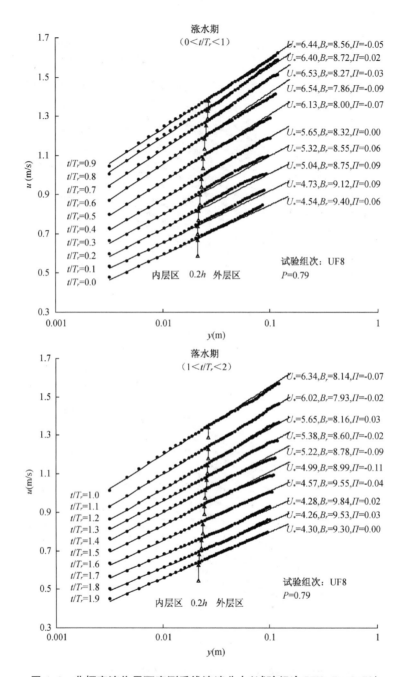

图 4.4 非恒定流作用下实测垂线流速分布(试验组次 UF8,P=0.79)

(为清晰显示不同时刻的流速分布,涨水期 t/T_r=0.1~0.9 流速在原基础上分别上移 0.05,0.1,0.15,…,0.45 m/s,落水期 t/T_r=1.0~1.8 流速依次上移 0.45,0.40,0.35,…,0.05 m/s)

利用实测内层区流速数据以及对数律公式[式(3.1)]进行相关性分析,对数流速公式中存在3个未知参数,分别是 karman 常数 κ、U_*、B_r,已有研究成果表明 κ 受水流非恒定性影响较小,量值基本同均匀流 κ 值[30],保持 κ 为 0.41 不变,反算对数流速公式中的 U_*、B_r。图 4.5 为部分非恒定流试验参数 B_r 随涨落水过程的变化,从总体变化趋势来看,B_r 随着水位的上涨逐渐减小,在水位波峰附近 B_r 值处于低谷,随着水位的降落 B_r 逐渐增加至涨水初期;从量值上来看,各组试验得到的 B_r 范围为 $7.99 \sim 10.57$,$B_r = 8.88(1 \pm 13\%)$。参数 B_r 为与粗糙有关的系数,在涨落水过程中床面粗糙尺度 $k_s^+ (= k_s U_* / \nu)$ 不断变化,B_r 也跟随调整(图 4.6),可以看出,受涨落水影响,B_r 与 k_s^+ 呈绳套关系,总体趋势上来看参数 B_r 随 k_s^+ 的增加而减小,根据试验实测数据拟合得到两者关系:

$$B_r = -3.42\ln(k_s^+) + 24.12 \tag{4.1}$$

式中:$k_s^+ = k_s U_* / \nu$,k_s 为床面粗糙高度;U_* 为摩阻流速;ν 为水流运动粘滞系数。

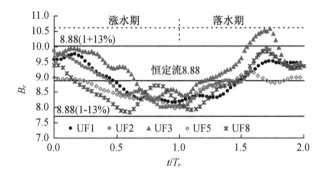

图 4.5 参数 B_r 随非恒定流涨落水过程变化

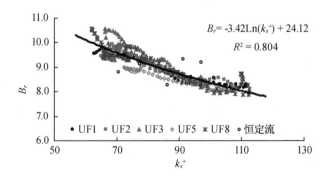

图 4.6 参数 B_r 随粗糙尺度 k_s^+ 变化

从内层区流速分布计算得到的 U_*、B_r,再利用实测整个水深区域流速数据及对数尾流律公式[式(3.2)]进行相关性分析,尾流强度系数 Π 随非恒定流涨落水过程的变化示于图 4.7。可见,本书非恒定流试验得到的尾流强度系数 Π 的量值及变化范围均较小,各组试验得到的 Π 范围为 $-0.11\sim0.18$,Π 的平均值为 $0.00\sim0.05$,外层区流速偏离对数分布不明显,试验表明在涨水期尾流系数 Π 有一峰值,在水位波峰附近 Π 出现低谷,在落水期 Π 有升有降,变化较为复杂。

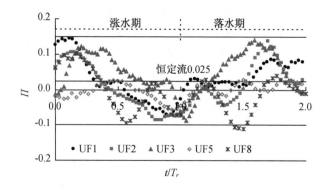

图 4.7　尾流强度系数 Π 随非恒定流涨落水过程变化

现有非恒定流粗糙床面流速分布按对数尾流律得到的尾流强度系数 Π 有正有负,平均值为 $0.00\sim0.05$,可以看出非恒定流涨落水过程中水流外层区($y/h>0.2$)实测流速平均偏离对数分布不明显。若保持 Π 为 0,即整个水深区流速分布均符合对数律,对比分析 $\Pi=0$ 时的参数 B_{r1} 与 $\Pi\neq0$ 时的 B_{r2} 之间的差异(图 4.8),由于将尾流强度系数 Π 固定为 0,B_{r2} 变化幅度较 B_{r1} 小,更趋于平均化。

4.1.3　非恒定流作用下流速变化

(1) 沿水深方向流速变化

图 4.9 为部分试验组次(UF3、UF5、UF8)距离床面不同高度处平均流速随时间的变化过程,图中数字表示距离床面的高度。可见,各组试验近底区流速较小,但流速梯度大,而远离床面的流速较大,但流速梯度则较小;同一个非恒定流泄水波沿水深不同高度处流速变化趋势一致,基本同步达到流速最大值(图 4.9)。

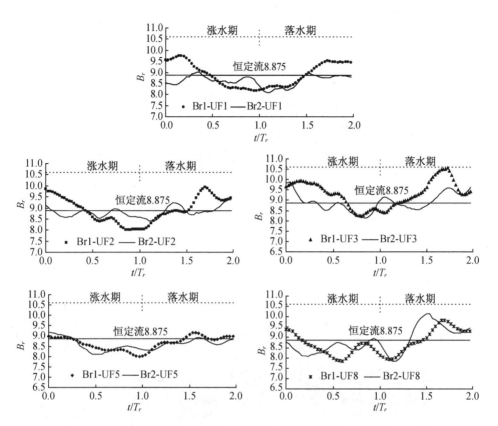

图 4.8　由内层区流速分布得到 B_{r1} 与整个水深区流速分布得到的 B_{r2} 差异

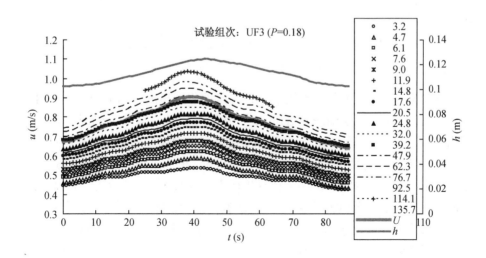

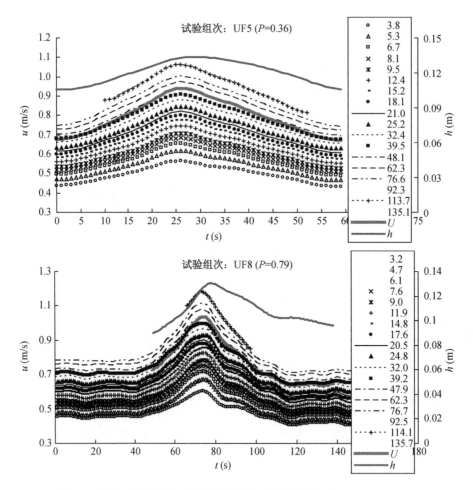

图 4.9　距离床面不同高度处流速随时间变化(试验组次 UF3、UF5、UF8)

(图中数字表示距离床面的高度,单位 mm,U 为垂线平均流速,h 为水深)

　　进一步分析一个非恒定流周期内距离床面不同高度处的流速变化幅度 Δu [$=u(y)_{max}-u(y)_{min}$]随距离床面的相对距离 y/h_b(h_b 为非恒定流基流水深)的变化(图 4.10),可以看出,近底区受床面粗糙度影响流速变化相对平缓,变幅较小,离开近底区一定距离后,一般为 $y/h_b > 0.045$,受床面粗糙度影响快速减小,流速变幅迅速增大,即近底区 Δu 的梯度较大,之后 Δu 逐渐加大,当 $y > h_b$ 时,由于该位置处于水位变动区域,部分时段水流未达到该区域,Δu 快速减小。总体变化趋势来看,Δu 随 y/h_b 变化可分为三个区段(图 4.10):第一区段($y/h_b < 0.045$)近底区、第二区段($0.045 < y/h_b < 1.0$)、第三区段($y/h_b > 1.0$)水位变动区,三个区段 Δu 随 y/h_b 均呈现对数律变化。

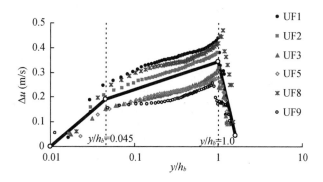

图 4.10　距离床面不同高度处流速变幅

$$\Delta u[=u(y)_{\max}-u(y)_{\min}]变化$$

（2）垂线平均流速变化

根据实测垂线流速 $u(y)$，计算垂线平均流速 U：

$$U=\frac{1}{h}\int_0^h u\mathrm{d}y \tag{4.2}$$

将对数尾流律流速分布公式［式（3.2）］代入上式可到垂线平均流速 U：

$$U=\frac{U_*}{\kappa}\left(\ln\frac{h}{k_s}-1+\kappa B_r+\Pi\right) \tag{4.3}$$

非恒定流水深在涨落过程中垂线平均流速变化见图 4.11，可以看出涨水期垂线平均流速大于同水深条件时的落水期流速，即流速先于水深达到峰值，非恒定流过程中水深与垂线平均流速呈逆时针绳套关系（图 4.12），从绳套的宽度来看，非恒定性较强的试验 UF8（$P=0.79$）较宽，而非恒定性较弱的试验 UF3（$P=0.18$）较窄。水深与垂线平均流速间绳套关系的宽窄反映了两者峰值不同步的强弱，进一步分析流速峰值先于水深峰值的相对时间 $\Delta t/T_r$ 与非恒定参数 P 之间的关系（图 4.13），可见，$\Delta t/T_r$ 随 P 的增加而增大，即泄水波非恒定性越强，垂线平均流速峰值越先于水深峰值到达，水深～流速绳套曲线越宽。

非恒定流涨落水过程中若能找到流速大小等于垂线平均流速的点，则该点可称为垂线平均流速点，其距床面高度以 $\bar{y}$ 表示，定义 $a=\bar{y}/h$，根据对数尾流律流速分布公式［（3.2）］，则

$$\frac{U}{U_*}=\frac{1}{\kappa}\ln\frac{ah}{k_s}+B_r+\frac{2\Pi}{\kappa}\sin^2\left(\frac{\pi a}{2}\right) \tag{4.4}$$

根据试验数据计算 a 值，a 值随泄水波涨落水过程变化见图 4.14，可见，在

水深峰值处 a 值较小,而在基流附近 a 值则相对较大,a 值变化介于 $0.35\sim$ 0.39,均值为 0.37。

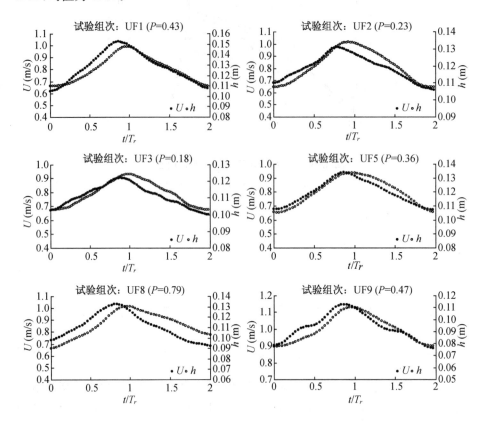

图 4.11　垂线平均流速变化过程

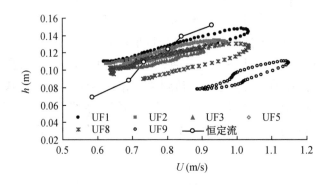

图 4.12　垂线平均流速与水深之间关系

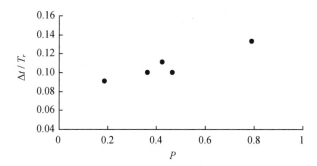

图 4.13 流速峰值先于水深峰值的相对时间 $\Delta t / T_r$ 与非恒定参数 P 的关系

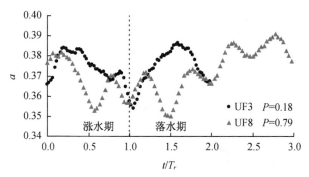

图 4.14 垂线平均流速点位置 a 随涨落水过程变化(试验组次 UF3、UF8)

（3）近底流速与垂线平均流速之间的关系

对粗糙定床面而言，近底流速变化反映了水流对床面切应力的变化，而对动床面来说，则反映了水流对泥沙颗粒拖曳力的变化。由内层区对数流速分布公式[式(3.1)]，取 $y = k_s$ 处代表近底流速 u_0，得到粗糙床面近底流速 u_0 为：

$$u_0 = B_r U_* \qquad (4.5)$$

比较式(4.5)与垂线平均流速式(4.3)得到近底流速 u_0 与垂线平均流速 U 关系式：

$$u_0 = \frac{\kappa B_r}{\ln \dfrac{h}{k_s} - 1 + \kappa B_r + \Pi} U = KU \qquad (4.6)$$

式中：κ 为 karman 常数；B_r 为常数；Π 为尾流强度系数；h 为水深；k_s 为粗糙高度；参数 $K = \dfrac{\kappa B_r}{\ln \dfrac{h}{k_s} - 1 + \kappa B_r + \Pi}$。

可见，u_0与U的理论关系较为复杂，与相对粗糙度h/k_s、参数B_r、尾流强度系数Π等因子有关，由试验实测数据点绘u_0与U的关系(图 4.15)，可以看出非恒定流涨落水过程中u_0与U呈绳套关系，但绳套曲线宽度较窄，两者关系总体呈线性关系，虽然各组试验水流非恒定性不同($P = 0.18 \sim 0.79$)，但试验实测数据分布较集中，位于拟合线上下 15% 之间，线性拟合两者关系得到：

$$u_0 = 0.42U + 0.10 \tag{4.7}$$

式中：u_0为近底流速；U为垂线平均流速。

对比式(4.6)、式(4.7)得

$$K = 0.10/U + 0.42 \tag{4.8}$$

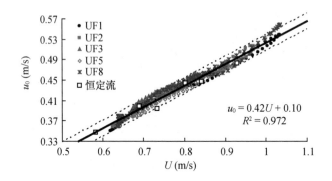

图 4.15 近底流速 u_0 与垂线平均流速 U 关系

4.2 非恒定流作用下床面切应力变化

4.2.1 非恒定流作用下床面切应力确定方法

明渠非恒定流床面切应力 $\tau_b = \rho U_*^2$ 或摩阻流速 U_* 的确定方法一般有五种：

① 直接测量法，采用热膜探头或电阻式探头测量[187]。该方法主要用于光滑壁面，且要求仪器与床面齐平，试验手段复杂，难度大。

② Clauser 方法，认为 Karman 常数为常量，根据实测对数区垂线流速分布[式(3.1)]，反算U_*、τ_b。该方法要求垂线流速分布已测量得到，它是明渠非恒定流定床研究中最常用的方法。在动床试验中，由于对数律对流速理论零点的位置敏感性较高，该方法精度不高。

③ 雷诺应力反算法，假定非恒定流外区($y/h > 0.2$)的切应力分布仍满足线

性分布,将外区实测雷诺应力垂线分布 $-\rho\overline{u'v'}(y)$ 延伸至床面求得 τ_b、U_*[37],此法应用的前提是雷诺应力可精确测量得到。

④ 黏性底层流速公式法,即测量非恒定流作用下黏性底层流速分布[式(1.19)],并由此估算 U_*、τ_b,该法主要用在光滑壁面[54],需用高精度的激光流速仪等先进测流仪器进行测量。实际应用中由于黏性底层厚度很薄,测量难度大。

⑤ St. Venant 方程组推导法(表4.2),该方法适用于非恒定流的基本水力要素(如水深、垂线平均流速、流量、断面过水面积等)随时间、空间的变化为已知的情况。根据 St. Venant 方程组中的连续方程及动量方程,推求 U_* 表达式(4.9),该式中含有水深梯度项 $\partial h/\partial x$,实际测量中精度相对较差[188]。不同学者在 St. Venant 方程组基础上基于不同的假设对 U_* 进行了改进:Tu 和 Graf[189]基于运动波理论,得到式(4.10);Nezu 和 Nakagawa[33]根据二维明渠非恒定流基本方程,并认为时间变化项 $\partial/\partial t$ 占主导作用,空间变化项 $\partial/\partial x$ 相比 $\partial/\partial t$ 可忽略,得到式(4.11);胡江[53]推导了用流量 Q 和过水断面积 A 表示的 St. Venant 方程,由此建立了以 Q、A 为参数的公式(4.12)。

表 4.2 由 St. Venant 方程组推求得到的非恒定流摩阻流速 U_*

学者	非恒定流摩阻流速 U_*	
Graf 和 Song[188]	$U_* = \sqrt{gR_bS_0 - gR_b\dfrac{\partial h}{\partial x}(1-F_r^2)+\left(U\dfrac{\partial h}{\partial t}-h\dfrac{\partial U}{\partial t}\right)}$	(4.9)
Tu 和 Graf[189]	$U_* = \sqrt{gR_b\left[S_0 + \dfrac{1}{c}\dfrac{\partial h}{\partial t} - \dfrac{1}{g}\dfrac{\partial U}{\partial t}\left(1-\dfrac{U}{c}\right)\right]}$	(4.10)
Nezu 和 Nakagawa[33]	$U_* = \sqrt{gR_bS_w - \dfrac{1}{B}\dfrac{\partial Q}{\partial t}}$	(4.11)
胡江[53]	$U_* = \sqrt{\left(gAS_0 - \dfrac{\partial Q}{\partial t} + \dfrac{2Q}{A}\dfrac{\partial A}{\partial t} + \dfrac{Q^2}{A^2}\left(1-\dfrac{gA^3}{Q^2B}\right)\dfrac{\partial A}{\partial x}\right)/B}$	(4.12)

注:F_r 为 Froude 数,$F_r=U/\sqrt{gh}$;c 为波速 $\left(c=U+h\dfrac{\partial U}{\partial t}\Big/\dfrac{\partial h}{\partial t}\right)$;$S_0$ 为底坡;R_b 为水力半径;$S_w=S_0-\cos\theta\dfrac{\partial h}{\partial x}$,$\theta$ 为河床底面与水平向夹角;A 为断面面积;B 为水槽宽度。

上述方法中,①、④主要用于光滑床面,对于方法③雷诺应力反算法,严格的讲,明渠非恒定流外区的总切应力分布并不服从线性分布,实测雷诺应力分布也较分散[33],相对平均流速而言,雷诺应力的测量难度较大,可能的误差也较大。本书进行的粗糙床面非恒定流试验主要采用方法②Clauser 法,取 karman 常数 κ 为 0.41,实际应用时,流速理论零点 y_0 位置的准确与否直接影响粗糙床面切应力的精度,本书在确定理论零点时,主要通过改变 y_0,使得内层区实测流速数据按式(3.1)进行回归分析得到的相关系数最大,此时下距床面泥沙颗粒顶部

y_0处即为理论零点。

4.2.2 非恒定流作用下床面切应力变化

根据粗糙床面非恒定流水槽试验实测数据,利用 Clauser 方法反算得到非恒定流涨落水不同时刻摩阻流速 U_*,进而确定床面切应力 $\tau_b (=\rho U_*^2 = \gamma R_b S_f)$。图 4.16 为试验实测床面切应力 τ_b 随涨落水过程变化,可以看出,床面切应力先于水深达到峰值,即涨水期床面切应力大于同水深条件下的落水期,水流非恒定性较强时,τ_b 峰值越先于水深峰值达到。

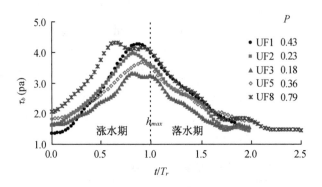

图 4.16 床面切应力 τ_b 随涨落水过程变化

本章 4.1.2 节表明非恒定流作用下外层区实测流速分布偏离对数律较小,试验得到的尾流强度系数 Π 的平均值为 $0.00\sim0.05$,作为对比,利用 Clauser 法计算了由内层区流速分布反算摩阻流速(U_{*1})以及由整个水深区流速分布反算的摩阻流速(U_{*2})。若按照恒定均匀流的方法计算不同水深条件下的摩阻流速 $U_{*3} = \sqrt{gR_bS_0}$,U_{*4} 是将 U_{*3} 中的底坡项 S_0 由水面比降 J 替代,得到 $U_{*4} = \sqrt{gR_bJ}$。图 4.17 为试验组次 UF5(峰流时的宽深比 $B/h_p = 5.98$)时由上述四种方法计算得到的摩阻流速的比较。可以看出,U_{*1}、U_{*2} 总体变化不大;由恒定均匀流的方法计算的 U_{*3} 变化平缓,变幅明显小于 U_{*1}、U_{*2};在恒定均匀流摩阻流速的基础上将底坡项 S_0 由水面比降 J 代替,得到的摩阻流速 U_{*4} 在变化幅度上较 U_{*3} 明显改善,但与由 Clauser 法计算得到的 U_{*1}、U_{*2} 相比,峰值达到的时间有所提前。可见,计算非恒定流作用下床面切应力 τ_b 时,摩阻坡度项 S_f 不能直接采用底坡项 S_0,或者水面比降 J。

进一步分析非恒定流作用下床面切应力 τ_b 与垂线平均流速 U 之间的关系,由式(4.3)可得

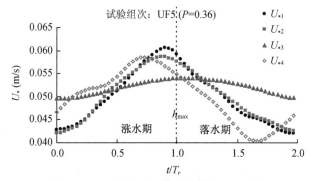

图 4.17　不同方法计算摩阻流速 U_* 比较

$[U_{*1}$—Clauser 法(内层区对数流速分布)，U_{*2}—Clauser 法(整个水深区对数流速分布)，$U_{*3}=\sqrt{gR_bS_0}$，$U_{*4}=\sqrt{gR_bJ}]$

$$\tau_b = U^2 \frac{\kappa^2 \rho}{\left(\ln \dfrac{h}{k_s} - 1 + \kappa B_r + \Pi\right)^2} \tag{4.13}$$

由试验实测数据点绘 τ_b 与 U^2 的关系(图 4.18)，可以看出非恒定流涨落水过程中 τ_b 与 U^2 总体趋势呈线性关系，虽然各组试验水流非恒定性不同($P=0.18\sim0.79$)，但试验实测数据分布较集中，位于拟合线上下 80% 之间，线性拟合两者关系得到：

$$\tau_b = 4.56U^2 - 0.45 \tag{4.14}$$

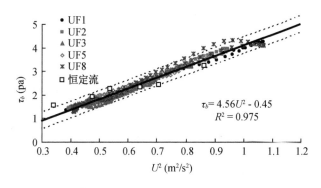

图 4.18　床面切应力 τ_b 与 U^2 关系

根据理论力学中冲量概念定义床面切应力在涨水期持续时间或落水期持续时间上的积分为非恒定流涨水期冲量或非恒定流落水期冲量，相应表达式为

$$I_r = \int_0^{T_r} \tau \mathrm{d}t \quad （涨水期）$$

$$I_f = \int_0^{T_f} \tau \mathrm{d}t \quad （落水期）$$

$$(4.15)$$

式中：I_r 为涨水期（对应水深）冲量；T_r 为涨水期持续时间；I_f 为落水期冲量；T_f 为落水期持续时间。

　　非恒定流涨落水期冲量表征了水流切应力作用在涨水期或落水期床面或泥沙颗粒的时间累积效应,计算各组试验的涨落水期冲量 I_r、I_f（表 4.3）,可见涨水期冲量 I_r 大于落水期冲量 I_f,即涨水期水流对床面切应力的累积作用强于落水期,进一步分析涨水期冲量与落水期冲量之比 I_r/I_f 随水流非恒定强度 P 的变化,可见涨落水期冲量之比 I_r/I_f 随非恒定流强度参数 P 的加大而线性增加（图 4.19）。

表 4.3　非恒定流涨落水期冲量

物理量	试验组次					
	UF1	UF2	UF3	UF5	UF8	UF9
涨水期冲量 I_r(pa. s)	97.56	102.42	103.97	77.54	99.08	114.11
落水期冲量 I_f(pa. s)	91.32	99.84	92.04	73.21	78.41	108.47
I_r/I_f	1.068	1.026	1.130	1.068	1.264	1.052
I_r/T_r	2.71	2.56	2.36	2.58	3.30	3.80
I_f/T_f	2.54	2.50	2.09	2.44	2.61	3.62
非恒定参数 P	0.43	0.23	0.18	0.36	0.79	0.47

注：各组试验 $T_r = T_f$。

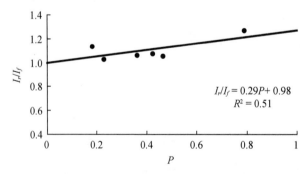

图 4.19　涨落水期冲量之比 I_r/I_f 随非恒定参数 P 变化

4.3　非恒定流传播特性

（1）水位传播特性

非恒定流在向下游传播过程中由于受河床及河岸摩阻影响，沿程水位变化将逐渐坦化，周期内水位变幅将逐渐减小。水槽试验中，沿程水位变化主要受进口流量变化、粗糙床面摩阻影响，从各组试验沿程水位变幅（$Z_{max}-Z_{min}$）变化（图4.20）来看，泄水波向下游传播过程中水位变化逐渐减小。

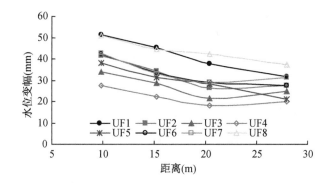

图 4.20　水槽内沿程水位变幅变化

以自动水位仪2♯、3♯的实时水位落差计算两水位仪之间的水面比降（两水位仪间距5.22 m），图4.21为非恒定流涨落水过程中水面比降（J_{2-3}）的变化。可见，非恒定流水位在传播过程中将在恒定流水面比降的基础上形成一附加比降，具体表现为涨水期水面比降大于同水深条件下的落水期水面比降（图4.21），这是由上下游水位变化不同步形成，是非恒定流传播过程中的固有特性。涨水时，上游断面水位升高，而下游断面因泄水波尚未传播至此，水位未跟随上涨，故出现一个正向附加比降，使得同水深条件下水面比降增大；落水时，上游断面水位先降落，而下游断面水位尚未下降，出现一个反向附加比降，使得同水深水面比降减小。因而，非恒定流涨水期水面比降较落水期大，统计了各组试验在整个涨落水过程下的平均水面比降（表4.4），本非恒定流试验周期内平均水面比降较水槽底坡小。

前人[23,29,31,34,155]在研究非恒定流试验时常以单波"‿⌒‿"作为试验波形，本次试验以连续三角波"‿⋀⋀⋀⋀⋀‿"试验为主，另外进行了一组单波试验作为对比。非恒定流试验UF5与UF8的基流流量Q_b、峰值流量Q_p、波周期T均相同，UF5为连续三角波波形，而UF8为单三角波波形，两者试验基本水力要素见表4.1。

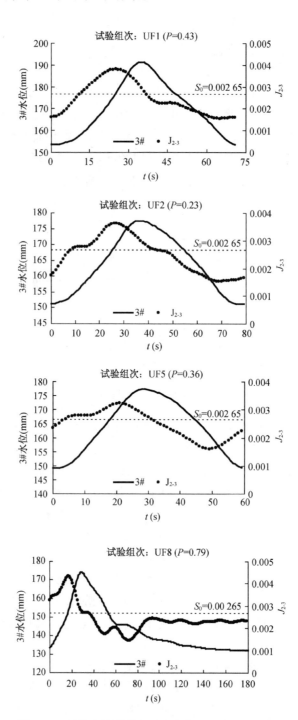

图 4.21 非恒定流涨落水过程中水面比降(J_{2-3})变化

表 4.4　各试验组次非恒定流平均水面比降(‰)

比降	UF1	UF2	UF3	UF4	UF5	UF6	UF7	UF8	UF9
J_{2-3}	2.47	2.48	2.51	2.44	2.48	2.35	2.44	2.45	4.36
底坡 S_0	2.65	2.65	2.65	2.65	2.65	2.65	2.65	2.65	4.52
差值	−0.18	−0.17	−0.14	−0.22	−0.18	−0.30	−0.21	−0.20	−0.15

图 4.22 为 3♯自动水位仪在 UF5(连续波)、UF8(单波)试验时的实测水位过程,可见,以基流为 Q_b、峰值流量为 Q_p 的三角波连续下泄时,第一个泄水波的涨水期水位变幅较之后泄水波的为大,同时第一个泄水波水位最低值($Z_{i\min}$,$i=1$)比之后泄水波 $Z_{i\min}$($i=2,3,\cdots$)要低,对于受水利枢纽日调节的河段来说,在日调节下泄最小流量与坝下设计流量相等的前提下,由于受水流非恒定性影响,日调节最低水位较河段天然设计水位要高,这对于增加坝下基岩性河段的枯水航深有重要意义。从泄水波造成的河段水体非恒定性 $P\left[=\dfrac{1\,000BT_r}{Q_p-Q_b}\left(\dfrac{h_p-h_b}{T_r}\right)^2\right]$ 来看,连续波在波形稳定后水位变幅($=h_p-h_b$)较单波小,在相同 Q_b、Q_p、T 的条件下,连续波引起的水流非恒定性较单波的非恒定性小得多,如 UF5 的非恒定参数 $P=0.36$,而 UF8 的 $P=0.79$。

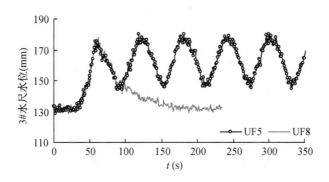

图 4.22　连续波与单波试验条件下水位变化(试验 UF5、UF8)

(2) 水力要素不同步现象

非恒定流传播过程中各水力要素峰值,如水面比降 J、摩阻流速 U_*、垂线平均流速 U、流量 Q、水深 h 等出现不同步现象(图 4.23、表 4.5)。试验 UF1 水力要素峰值达到的先后顺序分别为 $J_{\max}\rightarrow U_{*\max}\rightarrow U_{\max}\rightarrow Q_{\max}\rightarrow h_{\max}$,UF2:$J_{\max}\rightarrow U_{\max}\rightarrow U_{*\max}\rightarrow Q_{\max}\rightarrow h_{\max}$,UF3:$J_{\max}\rightarrow U_{\max}\rightarrow U_{*\max}\rightarrow U_{\max}\rightarrow Q_{\max}\rightarrow h_{\max}$,UF5:$J_{\max}\rightarrow U_{\max}\rightarrow U_{*\max}$、$Q_{\max}\rightarrow h_{\max}$,UF8:$J_{\max}\rightarrow U_{*\max}\rightarrow U_{\max}\rightarrow Q_{\max}\rightarrow h_{\max}$,可见,各组试验 $J_{\max}\rightarrow U_{\max}\rightarrow Q_{\max}\rightarrow h_{\max}$ 的顺序一致,$U_{*\max}$、$U_{\max}$ 的先后顺序有所差异。其中水

面比降 J 提前于水深 h 达到峰值的时间占涨水期时间 $18\%\sim40\%$（表 4.5），水流非恒定性越强，J 越先于 h 达到峰值，摩阻流速 U_* 提前于 h 达到峰值的时间占涨水期时间 $7\%\sim33\%$，垂线平均流速 U、流量 Q 提前于 h 达到峰值的时间占涨水期时间分别为 $9\%\sim15\%$、$5\%\sim10\%$。

各水力要素变化的不同步使得其相互关系呈现绳套曲线关系（图 4.24），J_{max}、U_{*max}、U_{max}、Q_{max} 等水力要素先于 h_{max} 引起涨水期这些水力要素较同水深条件时的落水期大，即涨水期水流的动力作用较落水期大，同时水面比降 J_{max} 最先于 h_{max} 达到，则水面比降与水深的绳套曲线也最宽。

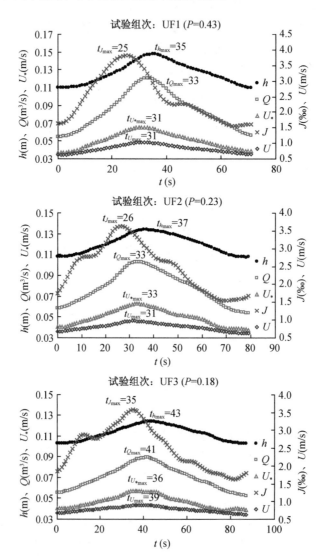

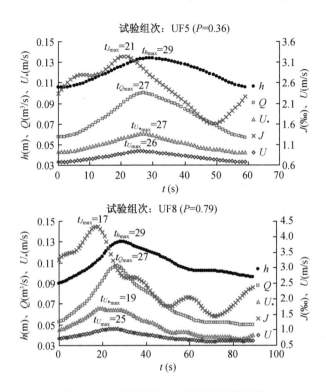

图 4.23　非恒定流水力要素不同步现象

（试验 UF1～UF3、UF5、UF8）

表 4.5　非恒定流水力要素达到最大值的时刻

参数	试验组次				
	UF1	UF2	UF3	UF5	UF8
非恒定参数 P	0.43	0.23	0.18	0.36	0.79
涨水期时间 T_r(s)	36	40	44	30	30
t-J_{max}(s)	25	26	35	21	17
t-U_{*max}(s)	31	33	36	27	19
t-U_{max}(s)	31	31	39	26	25
t-Q_{max}(s)	33	33	41	27	27
t-h_{max}(s)	35	37	43	29	29
$(t$-J_{max}—t-$h_{max})/T_r$	−0.28	−0.28	−0.18	−0.27	−0.40
$(t$-U_{*max}—t-$h_{max})/T_r$	−0.11	−0.10	−0.16	−0.07	−0.33
$(t$-U_{max}—t-$h_{max})/T_r$	−0.11	−0.15	−0.09	−0.10	−0.13
$(t$-Q_{max}—t-$h_{max})/T_r$	−0.06	−0.10	−0.05	−0.07	−0.07

注：t-A_{max}—t-B_{max}＞0 时表示 A_{max} 滞后于 B_{max}；t-A_{max}—t-B_{max}＜0 时表示 A_{max} 提前于 B_{max}。

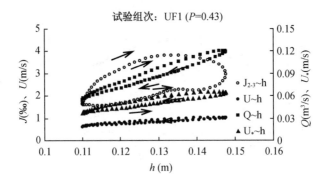

图 4.24　非恒定流条件下各水力要素之间绳套关系

4.4　本章小结

开展了粗糙床面非恒定流水动力特性的水槽试验研究,包括垂线流速分布、垂线平均流速变化、床面切应力变化以及非恒定流传播特性等。

(1) 非恒定流粗糙床面垂线流速分布仍可用对数尾流律公式表示,karman常数可取 0.41,但公式中的参数 B_r、Π 随涨落水过程发生变化。参数 B_r 与床面的粗糙程度有关,随床面粗糙尺度 k_s^+($=k_sU_*/\nu$)的增加而减小,随着水位的上涨逐渐减小,在水位波峰附近 B_r 值处于低谷,随着水位的降落 B_r 逐渐增加至涨水初期,试验得到的 B_r 范围为 7.99~10.57,$B_r=8.88(1\pm13\%)$;尾流系数 Π 随涨落水过程变化较为复杂,在涨水期 Π 有一峰值,在水位波峰附近出现低谷,在落水期有升有降,试验得到的 Π 范围为 -0.11~0.18,平均值为 0.00~0.05,涨落水过程中水流外层区实测流速平均偏离对数分布不明显。

(2) 非恒定流近底区流速较小、梯度大,而远离床面的流速大、梯度小,沿水深不同高度处流速变化趋势一致,基本同步达到流速最大值。非恒定流距离床面不同高度处的流速变化幅度 Δu 随相对距离 y/h_b 变化可分为三个区段:第一区段($y/h_b<0.045$)为近底区,受床面粗糙度影响流速变化相对平缓,变幅较小,但梯度较大;第二区段($0.045<y/h_b<1.0$),受床面粗糙度影响快速减小,流速变幅迅速增大;第三区段($y/h_b>1.0$)水位变动区,Δu 快速减小;三个区段 Δu 随 y/h_b 均呈现对数律变化。

(3) 非恒定流作用时,涨水期流速大于同水深条件时的落水期流速,即流速峰值先于水深达到峰值,两者时间差随水流非恒定强度的增加而加大,垂线平均流速点位于床面之上 0.35 h~0.39 h 的位置,平均值为 0.37 h。非恒定流涨落

水过程中近底流速 u_0 与垂线平均流速 U 呈绳套关系，但绳套曲线宽度较窄，两者总体呈线性关系。

（4）非恒定流作用下床面切应力可根据内层区实测流速数据，利用 Clauser 方法反算得到非恒定流涨落水不同时刻的摩阻流速 U_*，进而确定床面切应力 $\tau_b(=\rho U_*^2)$，若采用恒定均匀流的计算方法（$U_* = \sqrt{gR_bS_0}$）时将产生较大偏差，若将底坡项 S_0 由水面比降 J 替代则床面切应力峰值达到的时间有所提前。非恒定流作用下床面切应力先于水深达到峰值，即涨水期床面切应力大于同水深条件下的落水期，水流非恒定性较大时，τ_b 峰值越先于水深峰值达到。非恒定流涨落水过程中 τ_b 与 U^2 总体趋势呈线性关系，涨水期水流对床面切应力的累积作用强于落水期，涨落水期冲量之比 I_r/I_f 随非恒定参数 P 的加大而线性增加。

（5）非恒定流水位在传播过程中将在恒定流水面比降的基础上形成一附加比降，具体表现为涨水期水面比降大于同水深条件下的落水期水面比降，这是由上下游水位变化不同步形成，是非恒定流传播过程中的固有特性。非恒定泄水波连续下泄时，最小水深大于恒定基流条件时的水深，同时泄水波连续下泄时引起的水流非恒定强度较单波小。

（6）非恒定流传播过程中水面比降 J、摩阻流速 U_*、垂线平均流速 U、流量 Q、水深 h 等出现不同步现象，水力要素峰值达到的先后顺序分别为 $J_{max} \rightarrow U_{*max}$、$U_{max} \rightarrow Q_{max} \rightarrow h_{max}$，各水力要素变化的不同步使得其相互关系呈现绳套曲线关系，且引起涨水期水流的动力作用较落水期大。

第五章 非恒定流作用下均匀沙输移试验研究

本章进行非恒定流作用下 1#沙($d_{50}=3.2$ mm, $\eta=1.14$, $\sigma_g=1.20$, $\rho_s=2\,710$ kg/m³)的输移试验,试验水槽底坡 2.65‰,分析了非恒定流作用下均匀沙的起动、输移规律。

5.1 试验条件与方法

非恒定流作用下的均匀沙输移试验是以连续三角波波形作为进口流量过程进行控制的,共进行 7 组试验,其中水槽进口基流流量 43.64~45.27 l/s,峰值流量 80.10~118.68 l/s,基流水深 10.75~12.19 cm,峰流水深 12.75~15.76 cm,峰流时水槽宽深比(B/h)为 5.07~6.27,基流断面平均流速 0.45~0.51 m/s,峰流断面平均流速 0.79~0.94 m/s,峰流傅汝德数 0.70~0.76,表明各组试验均为缓流,非恒定参数 $P=0.18~0.38$,试验水流条件详见表 5.1。

试验时将试验沙放入水槽试验段,铺沙长度 15.09 m,铺沙厚度 15 cm,在水槽两侧玻璃面上按水槽底坡方向粘贴白色床面线,并对照床面线将沙样刮平,从水槽尾端灌水并尽可能使泥沙颗粒不运动,至水位高出床面 5 cm 以上时,采用非恒定流控制系统将进口流量逐渐增加至试验要求的基流流量,在这一过程中逐渐打开尾门至敞泄状态。待基流流量下的水面线稳定后,非恒定流控制系统按试验要求的流量过程进行控制,为了使进出口输沙率达到动态平衡,试验过程中在动床上端加沙,加沙量以动床进口床面没有明显冲刷与淤积作为依据,每组试验过程中床面保持平整状态,未出现沙波现象。

试验测量内容包括沿程水位、输沙率、接沙容器上游 2.935 m 处水槽中垂线流速(PIV),当接沙容器接近满负荷时利用虹吸管将泥沙吸出。

水位、推移质输沙率测量 100~140 个三角波过程(表 5.1),采样频率为 1 Hz;PIV 测量垂线流速 25~35 个三角波过程,采样频率为 4 Hz。水位、PIV 流速数据处理方法同定床试验。

表 5.1　非恒定流均匀沙输移试验水力要素

组次	T (s)	三角波循环个数	$\tilde{Q}$ (m³)	基流								峰流							
				W_b (kg)	h_b (cm)	B/h	Q_b (l/s)	V_b (m/s)	R_{eb} (×10⁵)	F_{rb}	g_{tb} [g/(m·s⁻¹)]	h_p (cm)	B/h	Q_p (l/s)	V_p (m/s)	R_{ep} (×10⁵)	F_{rp}	g_{tp} [g/(m·s⁻¹)]	P
UUM1	72	100	5.579	0.786	12.19	6.56	43.94	0.45	1.68	0.41	0.063	15.76	5.07	118.68	0.94	4.54	0.76	48.026	0.38
UUM2	80	100	5.738	0.481	11.94	6.70	45.27	0.47	1.73	0.44	0.090	14.91	5.37	103.52	0.87	3.96	0.72	26.246	0.30
UUM3	88	100	5.675	0.126	10.95	7.30	44.37	0.51	1.70	0.49	0.003	13.45	5.95	89.75	0.83	3.44	0.73	7.281	0.25
UUM4	96	100	5.716	0.059	10.75	7.44	43.64	0.51	1.67	0.49	0.000 2	12.75	6.27	80.10	0.79	3.07	0.70	3.073	0.18
UUM5	60	140	4.288	0.285	11.76	6.80	44.62	0.47	1.71	0.44	0.042	14.44	5.54	103.26	0.89	3.95	0.75	20.121	0.33
UUM6	70	120	4.998	0.361	11.62	6.89	44.03	0.47	1.69	0.44	0.051	14.44	5.54	102.99	0.89	3.94	0.75	22.639	0.31
UUM7	90	100	6.456	0.465	11.24	7.11	44.27	0.49	1.69	0.47	0.027	14.43	5.54	104.13	0.90	3.99	0.76	23.602	0.30

注："UUM"中第一个 U 表示非恒定流(unsteady flow)，第二个 U 表示均匀沙(uniform sediment)，M 表示动床(mobile bed)；单个泄水波径流量 $Q = \int_0^T Q dt$；单个泄水波输沙量 $W_b = B\int_0^T g_b dt$；断面平均流速 $V = Q/Bh$，$B = 0.8\,\mathrm{m}$；雷诺数 $R_e = 4AV/\nu$，ν 为水流运动粘滞系数；$F_r = V/(gh)^{1/2}$；非恒定参数 $P = \dfrac{1\,000\,BT_r}{Q_p - Q_b}\left(\dfrac{h_p - h_b}{T_r}\right)^2$，$T_r$ 为涨水期时间。

对于输沙率数据采用两种方法进行处理:

方法①由接沙容器内实测水下累积沙重计算水下单宽输沙率(式 5.1),并对单宽输沙率按 5 阶快速傅里叶变换(FFT)进行滤波处理。其中水下单宽输沙率 g_b'、单宽输沙率 g_b 与水下累积沙重 W_b' 之间关系由下式计算得到:

$$g_b' = \frac{W_b'(t_{i+1}) - W_b'(t_i)}{B(t_{i+1} - t_i)} \tag{5.1}$$

$$g_b = \frac{\gamma_s}{\gamma_s - \gamma} g_b' \tag{5.2}$$

式中:g_b' 为水下单宽输沙率;W_b' 为水下累积沙重;t 为时间;B 为水槽宽度;g_b 为推移质单宽输沙率;γ_s 为泥沙容重;γ 为水的容重。

方法②对接沙容器内实测水下累积沙重数据按 5 阶快速傅里叶变换(FFT)进行滤波处理,再按式(5.1)计算水下单宽输沙率。

由方法①或方法②得到的水下单宽输沙率,再进行多波相位平均得到非恒定流涨落水过程的平均输沙率过程。图 5.1 为由上述两种方法处理得到的水下

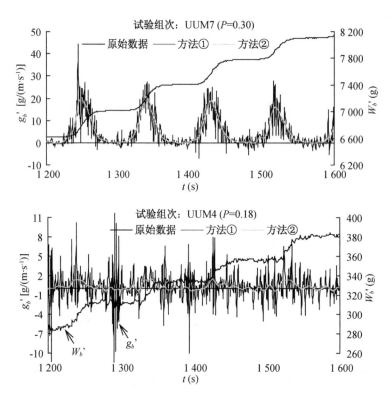

图 5.1　实测输沙率数据处理方法

单宽输沙率过程,可以看出两种方法得到的输沙率结果基本一致,本书按方法①进行处理。

整个试验过程中推移质输移强度相对较弱,各组试验推移质单宽输沙率最大值介于 $3.07 \sim 48.03$ g/(m・s^{-1})之间,单个三角波输沙量 W_b 为 $59.17 \sim 785.92$ g,单个三角波下泄径流量 $\widetilde{Q}$ 为 $4.288 \sim 6.456$ m^3,各试验组次的输沙情况详见表 5.1。

5.2　非恒定流动床面流速变化

5.2.1　流速分布

与粗糙定床面不同的是,动床面随着非恒定水流强度的变化,床面垂向高度不断调整,即测流点距离床面泥沙颗粒顶部的距离 y_T 不断发生变化,同时床面粗糙高度需考虑推移质运动的影响,受推移质运动影响的内层区流速分布可表示为:

$$\frac{u(y)}{U_*} = \frac{1}{\kappa}\ln\frac{y_T + y_0}{C_s k_s} + B_r = \frac{1}{\kappa}\ln\frac{y_T + y_0}{k_s} + B_s \tag{5.3}$$

式中:y_0 为理论零点($u=0$)距离床面泥沙颗粒顶部的距离,取 $y_0 = 0.25k_s$;k_s 为粗糙高度,对均匀沙取泥沙粒径大小;C_s 为推移质运动引起粗糙高度变化的影响系数;B_s 为常数,$B_s = B_r - 1/\kappa\ln(C_s)$。

为了得到水槽中垂线不同高程点的平均流速 u 随非恒定流涨落的变化,采用 PIV 连续测量垂线流速 $25 \sim 35$ 个三角波过程,采样频率为 4 Hz,不同高程点的平均流速的确定方法同粗糙床面非恒定流定床试验(详见 4.1.1 节),即认为整个 PIV 测流过程中床面始终保持不变,也就是测流点距离床面泥沙颗粒顶部的距离 y_T 保持不变。图 5.2～图 5.3 为试验组次 UUM1、UUM7 在涨落水期的实测内层区垂线流速分布,可以看出,由于受床面推移质运动的影响,近底区一定范围内的流速分布完全偏离对数分布,该区域实测流速偏小于内层区对数分布,流速越大,床面推移质运动强度越大,近底区流速愈偏小于对数分布;对受推移质影响下的对数流速分布公式中的积分常数 B_s 小于定床情况下的积分常数 B_r。因而,对于非恒定流作用下的动床面流速分布,特别是涨落水过程中床面不断调整的情况下,给确定实测流速点距离床面高度 y 带来了明显困难,甚至对流速分布的结果带来影响。

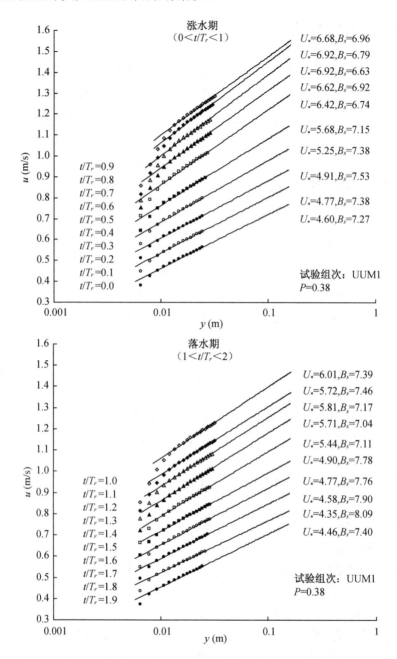

图 5.2　非恒定流作用下实测内层区垂线流速分布

（试验组次 UUM1，P＝0.38）

（为清晰显示不同时刻的流速分布，涨水期 t/T_r＝0.1～0.9 流速在原基础上分别上移 0.05,0.1,
0.15,…,0.45 m/s,落水期 t/T_r＝1.0～1.8 流速依次上移 0.45,0.40,0.35,…,0.05 m/s）

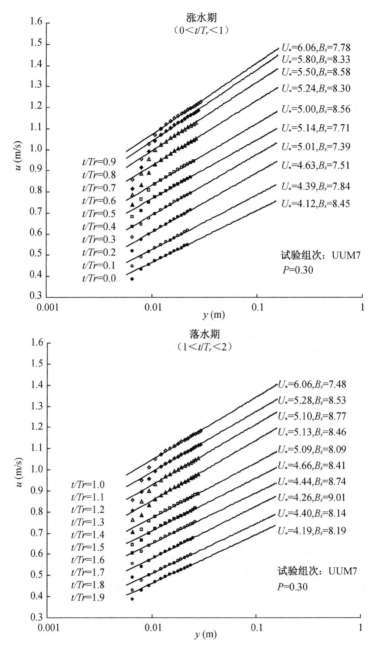

图 5.3　非恒定流作用下实测内层区垂线流速分布

（试验组次 UUM7，P＝0.30）

（为清晰显示不同时刻的流速分布，涨水期 $t/T_r=0.1\sim0.9$ 流速在原基础上分别上移 0.05，0.1，0.15，…，0.45 m/s，落水期 $t/T_r=1.0\sim1.8$ 流速依次上移 0.45，0.40，0.35，…，0.05 m/s）

5.2.2 流速变化

图 5.4 为水槽中垂线不同高程处测流点的流速随非恒定流时间的变化过程，可见，从水面至床面之间的流速变化过程基本同步，近底区流速变化受推移质运动影响，流速波形坦化，特别是非恒定强度较大的峰流区，如试验组次 UUM1、UUM5，推移质运动强度大，此时近底流速未相应增加，反而变化较为平坦；而离开床面一定距离后，测点流速明显不受近底推移质运动的影响，流速变化过程与水位过程一致。

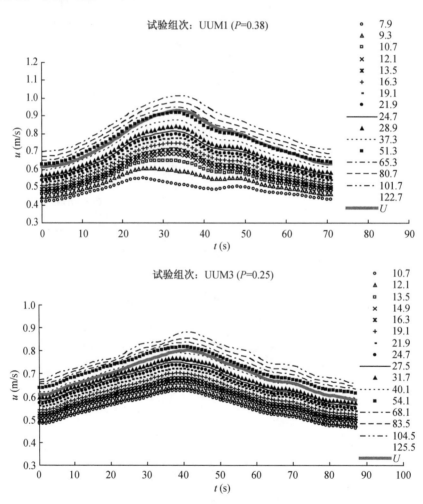

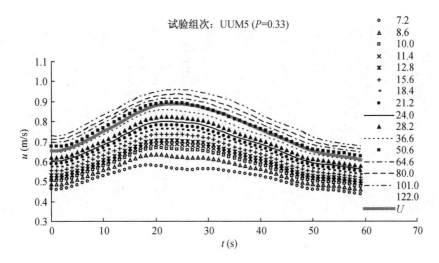

图 5.4 距离床面不同高度处流速随时间变化(试验组次 UUM1、UUM3、UUM5)

(图中数字表示距离床面的高度,单位 mm,U 为垂线平均流速)

5.3 非恒定流作用下砾石输移特性

在 7 组非恒定流均匀沙(砾石,$d_{50}=3.2$ mm)输移试验中,量测了输沙率随多个非恒定流波泄水过程的变化,试验过程中还观察了在涨落水过程中砾石的运动情况。

试验观察表明,涨水初期由于水流强度接近泥沙起动水流条件,床面上的个别泥沙颗粒在近底水流脉动力的作用下常先行颤动,当瞬间水流作用力超过保持颗粒稳定的力后,颗粒发生滚动并在惯性影响下与凹凸不平的床面脱离接触而跳跃向前运动(图 5.5),经过一小段距离后,在重力作用下又重新落于床面,落下后或者继续滚动一小段距离,或者立即停止运动,直到水流的瞬时作用力又超过保持其稳定的力后才再次跳跃。通常颗粒单步跃移时间很短,随着上游来流持续增强,作用于颗粒上的平均水流力也持续加大,此时,床面泥沙颗粒由个别跃移逐渐变为少量跃移,颗粒跳起并落于床面后常继续跳跃向前运动,随着水流作用力的继续增加,床面颗粒成群跃移前进。

通过对涨落水过程中床面泥沙颗粒运动情况的观察以及输沙率的测量,非恒定流作用下砾石输移的主要特性如下:

(1)砾石输移具有明显的随机性、间歇性与阵发性

由于近底水流的脉动性、颗粒位于床面位置的不确定性,即使在连续波涨水

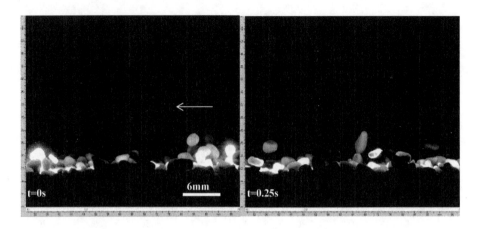

图 5.5 PIV 相机拍摄到的床面推移质跃移运动(时间间隔 0.25 s)

或落水的相同水流条件下,砾石输移仍表现出明显的随机性;同一颗粒运动过程中由于处于床面位置的不同,床面保持颗粒稳定的作用力也不同,颗粒在涨落水过程中时走时停,对同一颗粒而言,在水流强度较小时向前运动,而当水流强度较大时却停止运动,表现出颗粒运动的间歇性;在水流强度较大时,床面颗粒运动还表现出一定的阵发性。

图 5.6 为 7 个试验组次水下单宽输沙率 g_b' 随涨落水过程的变化情况,图中输沙率实测数据已进行 5 阶快速傅里叶滤波处理,输沙率缺失的部分为虹吸管抽沙的时间段,可以看出,上游以相同的非恒定波下泄时,各个输沙率波明显不同,各个波的输沙率峰值具有明显的脉动性,从试验的结果来看,水流的非恒定强度(P)似乎对输沙率峰值的脉动性有影响,表现为水流非恒定强度较强时,输沙率峰值的脉动强度相应较强,而当水流非恒定强度较弱时,输沙率峰值的脉动则较为平稳。

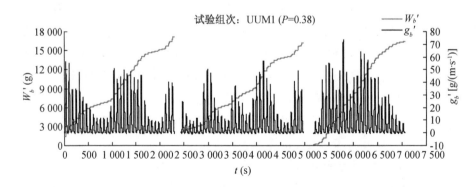

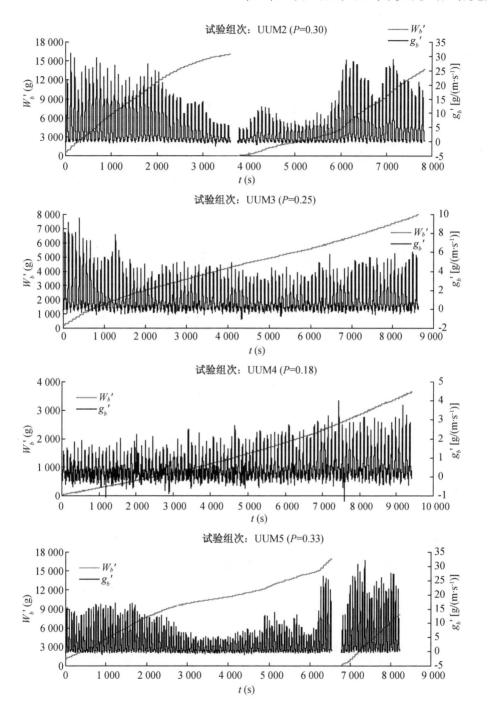

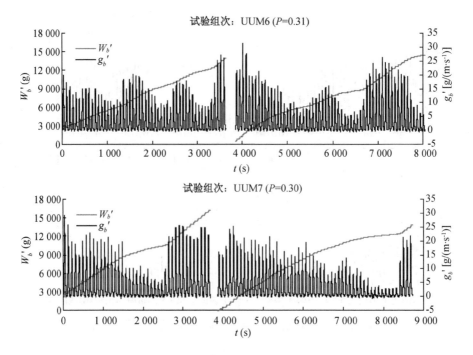

图 5.6　各试验组次水下累积沙重及单宽输沙率变化

(图中输沙率缺失的时段为虹吸管抽沙的时间段)

为了进一步分析输沙率峰值的脉动性与水流的非恒定强度 P 之间的关系，以各个泄水波对应水下单宽输沙率峰值的算术平均值作为时均值。即

$$\overline{g'_{b_{\max}}} = \frac{1}{n}\sum_{i=1}^{n} g'_{b_{\max i}} \tag{5.4}$$

式中：n 为泄水波个数；$g'_{b_{\max i}}$ 为每个泄水波对应的水下单宽输沙率峰值；$\overline{g'_{b_{\max}}}$ 为各个泄水波对应水下单宽输沙率峰值的时均值。

泄水波输沙率峰值的脉动标准差 S 为

$$S = \sqrt{\frac{\sum\left(g'_{b_{\max i}} - \overline{g'_{b_{\max}}}\right)^2}{n}} \tag{5.5}$$

泄水波输沙率峰值的无量纲脉动强度 E' 为

$$E' = \sqrt{\frac{\sum\left(g'_{b_{\max i}} - \overline{g'_{b_{\max}}}\right)^2}{\overline{g'_{b_{\max}}}}} \tag{5.6}$$

利用式(5.4)～式(5.6)分别计算了各试验组次对应水下单宽输沙率峰值的

时均值、标准差以及无量纲脉动强度,结果详见表5.2,可以看出,水流非恒定性较强的试验组次 UUM1($P=0.38$),相同的非恒定波下泄时,输沙率峰值最大值达 72.38 g/(m·s^{-1}),最小值为 7.04 g/(m·s^{-1}),输沙率峰值脉动标准差为1.75,无量纲脉动强度为 3.04;而水流非恒定性较弱的试验组次 UUM4($P=0.18$),输沙率峰值的最大值、最小值分别为 3.98 g/(m·s^{-1})、0.71 g/(m·s^{-1}),脉动标准差、无量纲脉动强度分别为 0.06、0.42,明显小于强非恒定流条件。图5.7、图5.8 分别为无量纲输沙率峰值脉动强度 E'、输沙率峰值脉动标准差 S 与泄水波非恒定强度 P 的关系,可见输沙率峰值标准差、脉动强度均与泄水波的非恒定强度直接相关,并随非恒定强度的增大而快速加大,经验关系分别如下:

$$S = 143.62P^{4.66} \tag{5.7}$$

$$E' = 46.76P^{2.85} \tag{5.8}$$

表5.2　各试验组次水下单宽输沙率峰值统计

试验组次 / 水沙参数	UUM1	UUM2	UUM3	UUM4	UUM5	UUM6	UUM7
非恒定参数 P	0.38	0.30	0.25	0.18	0.33	0.31	0.30
水下单宽输沙率峰值最大值 $g'_{b_{max}}$ [g/(m·s^{-1})]	72.38	31.04	9.38	3.98	31.98	28.44	28.22
水下单宽输沙率峰值最小值 $g'_{b_{min}}$ [g/(m·s^{-1})]	7.04	4.00	2.72	0.71	3.33	2.67	1.69
$g'_{b_{max}}/g'_{b_{min}}$	10.28	7.77	3.45	5.61	9.62	10.64	16.73
水下单宽输沙率峰值时均值 $\overline{g'_{b_{max}}}$ [g/(m·s^{-1})]	30.96	16.81	4.72	2.12	12.95	14.51	15.29
输沙率峰值脉动标准差 S	1.75	0.78	0.13	0.06	0.59	0.54	0.68
无量纲输沙率峰值脉动强度 E'	3.04	1.87	0.61	0.42	1.90	1.50	1.71

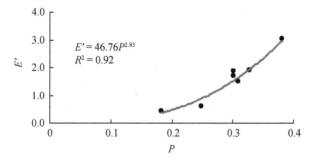

图5.7　无量纲输沙率峰值脉动强度 E'
与泄水波非恒定强度 P 关系

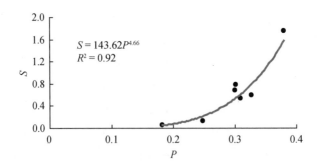

图 5.8 输沙率峰值脉动标准差 S
与泄水波非恒定强度 P 关系

以往部分学者在进行非恒定流输沙试验时,为消除输沙率的随机性,常重复涨落水过程以获得输沙率的平均值过程,但其输沙率样本数(即泄水波个数)一般较小,如 Qu[31]样本数 12～15,Lee 等[25]、Bombar 等[32]的样本数均为 2,由本书试验结果(图 5.9)来看,当泄水波个数少于 20 时,输沙率峰值的时均值尚未稳定,特别是对强非恒定泄水波(如 $P>0.3$)而言,如试验组次 UUM1,若采用较少的输沙率样本数,将会给输沙率结果带来较大的偏差。

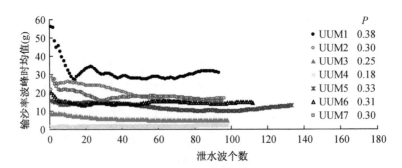

图 5.9 输沙率峰值的时均值随泄水波个数的变化

进一步分析输沙率波形发现,当峰流的水流强度较小时,如试验组次 UUM3、UUM4,涨落水过程中输沙率峰值相对不显著,且在峰流附近出现多个输沙率峰值(图 5.10),这可能与峰流附近水流强度较小,而泥沙运动的随机性对输沙率的影响相对较大;当峰流的水流强度较大时,输沙率波形具有明显的涨落过程,单个泄水波作用下输沙率仅出现单个峰值,如试验组次 UUM1、UUM2、UUM5、UUM6、UUM7。

(2)输沙率变化与水流条件的不同步性

水槽试验中 PIV 流速测量位于输沙率测量的上游 2.935 m 处,水深的测量

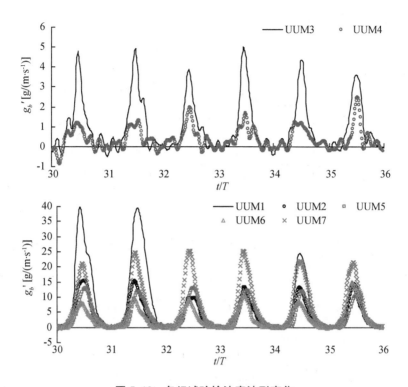

图 5.10 各组试验输沙率波形变化

(4♯自动水位仪)位于输沙率测量的上游 0.87 m 处,为了比较同一位置处输沙率与水流条件之间的关系,将各处实测的流速、水深等水力参数按水位的传播速度计算至输沙率测量位置,计算时考虑到之间距离较短,保持水力参数的波形不变,其传播速度根据自动水位仪 W3、W4 之间距离除以波峰到达的时间差得到。

图 5.11 为各试验组次接沙容器处推移质单宽输沙率与垂线平均流速、水深等要素随涨落水过程的变化,可以看出推移质输沙率峰值与流速、水深峰值到达时间不同步。输沙率峰值与流速峰值的不同步基本在 $P=0.32$ 附近发生反向(图 5.12),对于 $P>0.32$ 的强非恒定流(试验组次 UUM1、UUM5),输沙率峰值滞后于流速峰值的时间分别为 3.43 s、4.43 s(表 5.3),滞后时间分别占非恒定流涨水期时间的 10%、15%,而对于 $P<0.32$ 的弱非恒定流(试验组次 UUM2、UUM4、UUM6、UUM7),输沙率峰值却先于流速峰值,提前时间分别为 4.96 s、4.96 s、6.57 s、3.96 s,分别占非恒定流涨水期时间的 12%、10%、19%、9%;各组试验中除了试验组次 UUM5 的输沙率峰值滞后于水深峰值外,其余试验组次的输沙率峰值均提前于水深峰值,提前时间占涨水期时间的 4%~33%;水深峰

值滞后于流速峰值的时间占涨水期时间的 $10\%\sim16\%$。

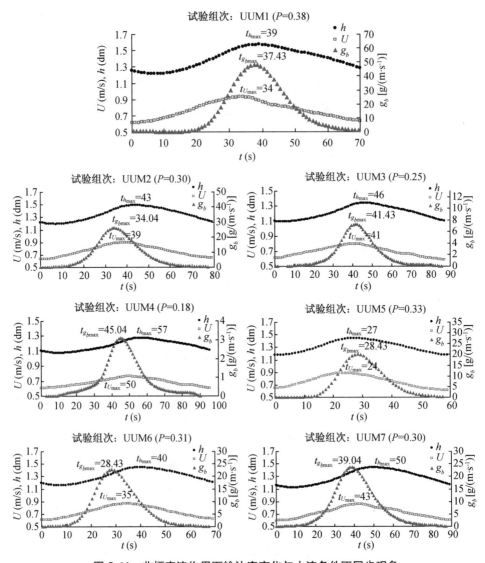

图 5.11　非恒定流作用下输沙率变化与水流条件不同步现象

　　国内外其他学者在进行非恒定流推移质输沙试验中也发现了输沙率与水力要素不同步的现象。Bestawy 等[154]非恒定流推移质（$d_{50}=4$ mm）输移试验表明输沙率 g_b 先于流量 Q、水深 h 达到峰值；Sutter 等[155]试验表明推移质（$d_{50}=0.23$ mm、0.32 mm）输沙率 g_b 峰值滞后于摩阻流速 U_*、Q 的峰值,但先于 h 峰值；Qu[31]非恒定流推移质（$d_{50}=5.8$ mm）输沙试验表明,水流非恒定性较小时,

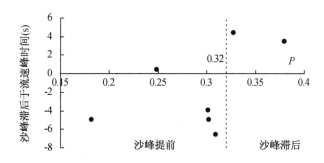

图 5.12 沙峰与流速峰值不同步时间与 P 的关系

输沙率峰值先于 U_{max}、Q_{max}，但滞后于 $U_{* max}$，非恒定性较强时，输沙率峰值滞后于 $U_{* max}$、U_{max}、Q_{max}；刘春晶[156]等非恒定流推移质($d_{50} = 2.19$ mm)输沙试验表明，水流非恒定性较弱时，输沙率峰值先于 $U_{* max}$、U_{max}、h_{max}，而非恒定性较强时，输沙率峰值最后到达。可以看出，非恒定流作用下推移质输沙率变化与水流参数不同步与水流非恒定性强弱直接有关，水流非恒定性较强时，输沙率峰值一般滞后于水流参数峰值，而当水流非恒定性较弱时，输沙率峰值可能出现先于水流参数到达峰值的现象。

表 5.3 各试验组次输沙率、水流条件最大值到达时间

参数	试验组次						
	UUM1	UUM2	UUM3	UUM4	UUM5	UUM6	UUM7
非恒定参数 P	0.38	0.30	0.25	0.18	0.33	0.31	0.30
涨水期时间 T_r(s)	36	40	44	48	30	35	45
$t\text{-}g_{bmax}$(s)	37.43	34.04	41.43	45.04	28.43	28.43	39.04
$t\text{-}U_{max}$(s)	34	39	41	50	24	35	43
$t\text{-}h_{max}$(s)	39	43	46	57	27	40	50
$t\text{-}g_{b_{max}} - t\text{-}U_{max}$(s)	3.43	−4.96	0.43	−4.96	4.43	−6.57	−3.96
$t\text{-}g_{b_{max}} - t\text{-}h_{max}$(s)	−1.57	−8.96	−4.57	−11.96	1.43	−11.57	−10.96
$t\text{-}U_{max} - t\text{-}h_{max}$(s)	−5	−4	−5	−7	−3	−5	−7
$(t\text{-}g_{b_{max}} - t\text{-}U_{max})/T_r$	0.10	−0.12	0.01	−0.10	0.15	−0.19	−0.09
$(t\text{-}g_{b_{max}} - t\text{-}h_{max})/T_r$	−0.04	−0.22	−0.10	−0.25	0.05	−0.33	−0.24
$(t\text{-}U_{max} - t\text{-}h_{max})/T_r$	−0.14	−0.10	−0.11	−0.15	−0.10	−0.14	−0.16

注：$t\text{-}A_{max} - t\text{-}B_{max} > 0$ 时表示 A_{max} 滞后于 B_{max}；$t\text{-}A_{max} - t\text{-}B_{max} < 0$ 时表示 A_{max} 提前于 B_{max}。

针对输沙率变化与水流条件不同步的现象，结合笔者及其他学者的试验成果，分析如下：水流非恒定时，作用于床面泥沙颗粒的近底流速、切应力实时发生变化，使得输沙率随涨落水过程发生变化，由于泥沙颗粒容重大于水体，相应地泥沙颗粒惯性大于水流，同时颗粒在凹凸不平的床面运动时受到床面阻力大于水流,使得泥沙颗粒运动速度小于水流速度,对于强非恒定流,水力要素快速变化,床面泥沙没有足够的时间对快速变化的水流迅速做出响应,从而使得输沙率滞后于来流过程;对于弱非恒定流,水力要素变化缓慢,水流强度相对较小,床面泥沙颗粒对变化水流有充足的时间做出响应,出现输沙率峰值先于水流条件现象的原因尚未清楚,可能与床面颗粒运动的随机性占主导因素有关。

(3) 输沙量与径流量、水流非恒定性关系

水槽进口下泄非恒定流涨落水过程中,引起床面泥沙颗粒运动强度不断发生变化,输沙率也随着涨落水过程做出调整,对于水槽底坡固定、由某一粒径的均匀沙组成的床面,一个非恒定泄水波引起床面泥沙的输移量 W_b 与泄水波的径流量 $\widetilde{Q}$、水流的平均非恒定性 P 有关,即

$$W_b = f(\widetilde{Q}, P) \tag{5.9}$$

式中:泄水波的径流量 $\widetilde{Q} = \int_0^T Q(t)\mathrm{d}t$,$Q$ 为下泄流量过程,T 为泄水波周期;P 表示泄水波涨水期的平均非恒定性的参数,$P = \dfrac{1\,000BT_r}{Q_p - Q_b}\left(\dfrac{h_p - h_b}{T_r}\right)^2$,$B$ 为水槽宽度,h 为水深,下标 b、p 代表基流、峰流,T_r 为涨水期时间。

试验组次 UUM2、UUM5、UUM6、UUM7 的基流流量 Q_b、峰值流量 Q_p 相同,非恒定参数 P 差别较小($P=0.30\sim0.33$),而单个泄水波径流量 $\widetilde{Q}$ 不同(具体参数详见表5.4),其单个泄水波引起的输沙量 W_b 可反映径流量 $\widetilde{Q}$ 对床面泥沙输移的影响,图 5.13 为 W_b 与 $\widetilde{Q}$ 关系,可以看出,在水流平均非恒定性不变的条件下,输沙量 W_b 随下泄径流量 $\widetilde{Q}$ 增加而增大,两者呈较好的线性关系:

$$W_b = 0.091\widetilde{Q} - 0.091 \tag{5.10}$$

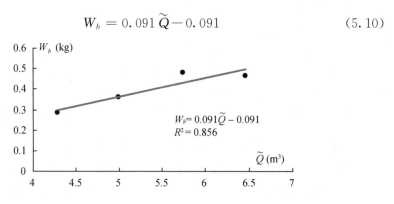

图 5.13　输沙量 W_b 与径流量 $\widetilde{Q}$ 关系($P=0.30\sim0.33$)

试验组次 UUM1、UUM2、UUM3、UUM4 单个泄水波径流量 $\widetilde{Q}$ 基本相同（$\widetilde{Q}=5.579\sim5.738\text{ m}^3$），但水流非恒定性不同（具体参数详见表 5.4），其单个泄水波引起的输沙量 W_b 可反映非恒定参数 P 对床面泥沙输移的影响，图 5.14 为 W_b 与 P 关系，可见，在泄水波下泄径流量相等的前提下，输沙量 W_b 随水流平均非恒定性（参数 P）增强而加大，两者呈乘幂关系：

$$W_b = 31.06P^{3.73} \tag{5.11}$$

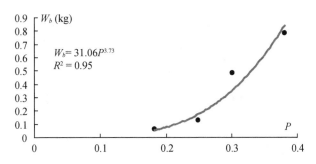

图 5.14　输沙量 W_b 与非恒定参数 P 关系

（径流量 $\widetilde{Q}=5.579\sim5.738\text{ m}^3$）

对于径流量 $\widetilde{Q}$ 及非恒定参数 P 均不同的泄水波，单个泄水波引起床面泥沙的输移量 W_b 可表示为：

$$W_b = a_1 \widetilde{Q}^{a_2} P^{a_3} \tag{5.12}$$

式中，a_1、a_2、a_3 为待定系数，由试验资料确定。

利用试验实测资料对输沙量 W_b、径流量 $\widetilde{Q}$、非恒定参数 P 进行回归分析，得到输沙量 W_b 与径流量 $\widetilde{Q}$、非恒定参数 P 关系式：

$$W_b = 1.40 \widetilde{Q}^{1.86} P^{3.81} \tag{5.13}$$

式（5.13）相关系数达 0.96（图 5.15），可见，非恒定流涨落水过程中，泄水波引起床面的输沙量与径流量、水流的非恒定性有关，关系式中 P 的指数为 3.81 大于 $\widetilde{Q}$ 的指数 1.86，表明水流非恒定强度对输沙量 W_b 的影响敏感于径流量。对于单位径流量而言，其对床面泥沙输移量的大小直接反映了非恒定流的输沙能力，点绘 $W_b/\widetilde{Q}$ 与非恒定参数 P 关系（图 5.16），可以看出，单位径流量引起的输沙量 $W_b/\widetilde{Q}$ 与非恒定参数 P 有显著的相关关系，单位径流量的输沙能力随非

恒定参数 P 的增强而快速加大,也就是说相同径流量下,非恒定流的输沙能力明显强于恒定流的输沙能力,两者经验关系如下:

$$W_b / \widetilde{Q} = 5.22 P^{3.70} \tag{5.14}$$

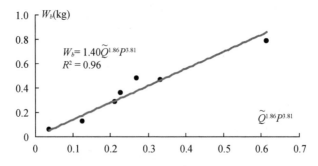

图 5.15　输沙量 W_b 与径流量 $\widetilde{Q}$、非恒定参数 P 关系

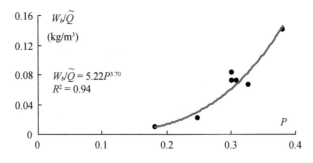

图 5.16　单位径流量引起的输沙量 $W_b / \widetilde{Q}$
与非恒定参数 P 关系

进一步分析输沙量与泄水波径流量、水流平均非恒定性之间的关系。单个泄水波的无量纲输沙量强度 W_b^*、对应泄水波径流量强度参数 W_k 可分别表示为:

$$W_b^* = \frac{W_b}{\rho_s B d_{50}^2} \tag{5.15}$$

$$W_k = \frac{V_b^2 \widetilde{Q}}{g B h_b^3} \tag{5.16}$$

式中,B 为水槽宽度,ρ_s 为泥沙密度,g 为重力加速度,d_{50} 为泥沙中值粒径,V_b 为基流断面平均流速、h_b 为基流水深。

单个泄水波的输沙量强度参数 W_b^*、径流量强度参数 W_k、水流平均非恒定参数 P 之间可表示为下述关系式:

表 5.4　各试验组次输沙量与径流量、非恒定参数关系

组次	Q_b (l/s)	Q_p (l/s)	P	$\widetilde{Q}$ (m³)	W_b (kg)	W_{br} (kg)	W_{bf} (kg)	$W_b/\widetilde{Q}$ (kg/m³)	$g_{b_{min}}$ [g/(m·s⁻¹)]	$g_{b_{max}}$ [g/(m·s⁻¹)]	q (m²/s)	W_b^*	W_k	$\overline{g_b^*}$	$\overline{q^*}$
UUM1	43.94	118.68	0.38	5.579	0.786	0.342	0.444	0.141	0.063	48.026	1.39	35.40	79.55	0.006 79	1.76
UUM2	45.27	103.52	0.30	5.738	0.481	0.340	0.141	0.084	0.090	26.246	1.29	21.66	94.98	0.003 74	1.58
UUM3	44.37	89.75	0.25	5.675	0.126	0.075	0.051	0.022	0.003	7.281	1.07	5.70	143.40	0.000 89	1.45
UUM4	43.64	80.10	0.18	5.716	0.059	0.047	0.012	0.010	0.000 2	3.073	0.94	2.67	152.65	0.000 38	1.36
UUM5	44.62	103.26	0.33	4.288	0.285	0.076	0.209	0.066	0.042	20.121	1.24	12.84	74.29	0.002 96	1.60
UUM6	44.03	102.99	0.31	4.998	0.361	0.298	0.064	0.072	0.051	22.639	1.17	16.28	89.75	0.003 21	1.62
UUM7	44.27	104.13	0.30	6.456	0.465	0.355	0.110	0.072	0.027	23.602	1.19	20.94	139.23	0.003 22	1.62

注：Q_b、Q_p 分别为基流流量、峰值流量，P 为非恒定参数，$\widetilde{Q}$ 为单波径流量，$\widetilde{Q}$ 为单波径流量对应的单宽流量，q 为单宽最大输沙率，q 为输沙质量最大推移质质量对应的单宽流量，W_b^* 为径流量强度参数，W_k 为单个泄水波的平均单宽输沙率强度参数，$\overline{q^*}$ 为泄水波单宽平均流量强度参数。W_b 为单波输沙量，W_{br}、W_{bf} 分别为涨水期、落水期输沙量，$g_{b_{max}}$、$g_{b_{min}}$ 分别为推移质输沙率最大、最小单宽输沙率，$\overline{g_b^*}$ 为单波水波的平均单宽输沙率强度参数。

$$W_b^* = a_1 W_k^{a_2} P^{a_3} \qquad (5.17)$$

式中:a_1、a_2、a_3为待定系数,由试验资料确定。

根据试验实测资料计算了各试验组次下的W_b^*、W_k、P(表5.4),并对其进行回归分析(图5.17),确定了各待定系数,得到经验关系式如下:

$$W_b^* = 110.05 W_k^{0.68} P^{4.24} \qquad (5.18)$$

式(5.18)中P的指数为4.24大于W_k的指数0.68,同样表明水流非恒定强度对输沙量W_b的影响敏感于径流量。

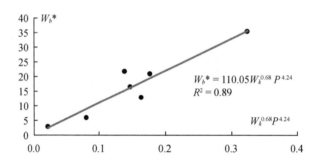

图5.17 输沙量强度参数W_b^*与径流量强度参数W_k、非恒定参数P关系

对于涨水期或落水期(相对水深而言)的输沙量大小而言,主要与水流的非恒定性有关,各试验组次涨水期及落水期的输沙量详见表5.4。对于强非恒定泄水波(如试验组次 UUM1、UUM5),由于床面泥沙没有充足的时间对快速变化的水流做出响应,造成落水期输沙量大于涨水期输沙量;而对于弱非恒定泄水波(如试验组次 UUM2、UUM3、UUM4、UUM6、UUM7),床面泥沙颗粒有相对较长的时间对变化水流做出调整,且涨水期床面切应力大于落水期,使得涨水期输沙量大于落水期输沙量。

(4)单宽输沙率与单宽流量、水流非恒定性的关系

对于水槽底坡固定、由某一粒径的均匀沙组成的床面,非恒定泄水波引起床面泥沙的单宽输沙率g_b与单宽流量q、水流的非恒定性P有关,即

$$g_b = f(q, P) \qquad (5.19)$$

点绘各组试验g_b与q的关系(图5.18),可以看出推移质单宽输沙率g_b随单宽流量q增加而加大,但两者关系呈绳套曲线,这是由输沙率与流量变化的不同步引起,绳套宽度大小与水流非恒定性P有关,当$P > 0.30$时,绳套曲线较宽,

即同流量条件下,涨落水输沙率相差较大;若 $P<0.25$,绳套曲线较窄,g_b-q 趋于单一关系。

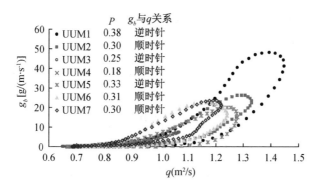

图 5.18　推移质单宽输沙率 g_b 与单宽流量 q 关系

类似分析表明泄水波过程中推移质最大单宽输沙率 $g_{b_{max}}$ 与对应单宽流量 q、水流的平均非恒定性 P 有关(图 5.19),$g_{b_{max}}$ 随 q 或 P 的增加而加大,其经验关系可表示为:

$$g_{b_{max}} = 0.18q^{2.4}P^{2.2} \qquad (5.20)$$

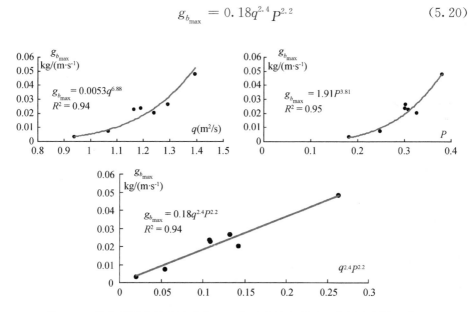

图 5.19　推移质最大单宽输沙率 $g_{b_{max}}$ 与对应单宽流量 q、非恒定参数 P 关系

进一步分析泄水波平均输沙率与泄水波平均单宽流量、水流平均非恒定性之间的关系。爱因斯坦提出的输沙率强度参数 Φ、水流强度参数 Θ 分别为:

$$\Phi = \frac{g_b}{\rho_s \sqrt{(\rho_s/\rho - 1)gd_{50}^3}} \tag{5.21}$$

$$\Theta = \frac{\tau_b}{(\rho_s - \rho)gd_{50}} \tag{5.22}$$

对于单个泄水波的平均单宽输沙率强度参数$\overline{g_b}^*$,可参照爱因斯坦输沙率强度参数Φ得到:

$$\overline{g_b}^* = \frac{W_b}{BT\rho_s \sqrt{(\rho_s/\rho - 1)gd_{50}^3}} \tag{5.23}$$

单个泄水波单宽流量强度参数$\overline{q}^*$可表示为:

$$\overline{q}^* = \frac{\widetilde{Q}}{TQ_b} \tag{5.24}$$

式中,B为水槽宽度;T为非恒定泄水波周期;ρ_s为泥沙密度;ρ为水的密度;g为重力加速度;d_{50}为泥沙中值粒径;$\widetilde{Q}$为单个泄水波径流量,Q_b为基流流量。

点绘$\overline{g_b}^*$与$\overline{q}^*$、P的关系(图5.20),表明$\overline{g_b}^*$与$\overline{q}^*$、P显著相关,并随$\overline{q}^*$或P的增加而快速增大,其经验关系可表示为:

$$\overline{g_b}^* = 0.0021\overline{q}^{*4.8}P^{1.6} \tag{5.25}$$

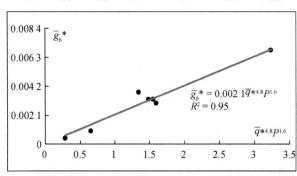

图 5.20　平均单宽输沙率强度参数$\overline{g_b}^*$与单宽流量强度参数$\overline{q}^*$、非恒定参数P关系

5.4 非恒定流作用下泥沙起动问题

若非恒定泄水波的基流流量 Q_b 小于非恒定流作用下泥沙的起动流量 Q'_c，而泄水波峰值流量 Q_p 大于 Q'_c，则泄水波在涨水过程中床面泥沙颗粒将经历静止→个别运动（起动）→少量运动→大量运动的输移过程，床面颗粒运动是一个起动→输移的过程；而在落水期，床面泥沙颗粒运动是一个输移→止动的过程。已有研究表明水流恒定时泥沙颗粒的起动流速不同于止动流速，一般认为止动流速小于起动流速。对于非恒定流而言，相同水深条件下涨水期作用于床面泥沙颗粒的动力要素（如近底流速、床面切应力）大于落水期，故泥沙颗粒由静止转入运动的临界流速或由运动转入静止的临界流速不相同。

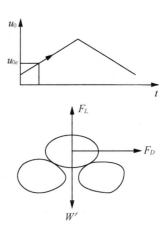

图 5.21 非恒定流作用下泥沙颗粒受力示意图

非恒定流作用下床面静止泥沙颗粒主要受水下重力 W'、水流推力 F_D 以及上举力 F_L（图 5.21），作用在床面泥沙颗粒的近底流速 u_0 由小于泥沙起动的近底流速 u_{0c} 逐渐增加，超过 u_{0c} 后继续加大，达到峰值后逐渐减小。各作用力可表示为：

$$F_D = C_D \alpha_1 d^2 \frac{\rho u_0^2}{2} \tag{5.26}$$

$$F_L = C_L \alpha_2 d^2 \frac{\rho u_0^2}{2} \tag{5.27}$$

$$W' = \alpha_3 (\gamma_s - \gamma) d^3 \tag{5.28}$$

根据临界滚动模式建立泥沙起动条件：

$$F_D k_1 d + F_L k_2 d = W' k_3 d \tag{5.29}$$

式（5.26）～（5.29）中，C_D、C_L 分别为推力系数、上举力系数，γ、ρ、γ_s 分别为水的容重、密度以及泥沙容重，α_1、α_2、α_3 分别为泥沙颗粒顺水流向、垂直于流向的面积系数及体积系数，k_1、k_2、k_3 为力臂系数。

根据式（5.26）～（5.29）整理后得到非恒定流作用下的泥沙起动底速 u_{0c}：

$$u_{0c} = \zeta \sqrt{\frac{\gamma_s - \gamma}{\gamma} g d} \tag{5.30}$$

式中,ζ 为综合系数,$\zeta = \sqrt{\dfrac{2\alpha_3 k_3}{C_D \alpha_1 k_1 + C_L \alpha_2 k_2}}$。

非恒定流作用下床面泥沙颗粒的近底流速 u_0(取 $y = k_s$)与垂线平均流速 U 的关系见式(4.4),对比式(5.30)、(4.4)得到非恒定流作用下泥沙起动流速 U_c:

$$U_c = \zeta \frac{\kappa B_{rc}}{\ln \dfrac{h}{k_s} - 1 + \kappa B_{rc} + \Pi_c} \sqrt{\frac{\gamma_s - \gamma}{\gamma} g d} \qquad (5.31)$$

式中,κ 为 karman 常数,取 0.41;k_s 为粗糙高度,对均匀沙取泥沙粒径大小;B_{rc}、Π_c 分别为泥沙起动时的积分常数、尾流强度系数。

由第四章非恒定流垂线流速分布公式中的积分常数 B_r、尾流强度系数 Π 的分析结果,B_r、Π 随涨落水的变化较为复杂,涨水初期 B_r 较恒定流的大,而 Π 一般也较恒定流的大,本书非恒定流试验结果表明参数 B_r、Π 随水流的非恒定性的定量关系复杂。可见,非恒定流作用下的泥沙起动较恒定流复杂得多,但有一点值得肯定的是非恒定流作用下的泥沙起动流速不同于恒定流条件下的起动流速。

非恒定流作用下的泥沙起动流速理论关系甚为复杂,为了探索非恒定流作用下的泥沙起动水流条件,本书通过输沙率判别法作为泥沙起动的标准,即点绘输沙率与水力参数之间的关系,外延或内插两者关系至输沙率达到某一值时的水流条件作为起动条件,即利用试验的手段分析非恒定流作用下的泥沙起动条件。Parker[183] 曾采用无量纲输沙率参数:

$$W_i^* = \frac{\left(\dfrac{\rho_s}{\rho} - 1\right) g g_{bi}}{\rho_s U_*^3 f_i} = 0.002 \qquad (5.32)$$

作为非均匀沙分组起动标准。式中 f_i 为床沙中第 i 组粒径所占百分比,U_* 为摩阻流速,g_{bi} 为床沙中第 i 组粒径的单宽输沙率。对于均匀沙该参数转变为:

$$W^* = \frac{\left(\dfrac{\rho_s}{\rho} - 1\right) g g_b}{\rho_s U_*^3} = 0.002 \qquad (5.33)$$

对于动床试验,受近底区泥沙运动影响,利用内层区流速分布反推 U_* 的精度相对平均流速 U 要差,采用 Enistein 对数流速公式 $\dfrac{U}{U_*} = 5.75 \lg\left(11\dfrac{h}{k_s}\right)$ 将式

(5.33)中的摩阻流速 U_* 转换为平均流速 U，得到以平均流速表示的输沙率参数：

$$W^* = \frac{\left(\dfrac{\rho_s}{\rho} - 1\right) g g_b}{\rho_s U^3} \left[5.75\lg\left(11\,\frac{h}{d}\right)\right]^3 \qquad (5.34)$$

某一输沙率对应下的水流参数 ς 取：

$$\varsigma = \frac{U}{(h/d)^{1/6}\,\sqrt{gd}} \qquad (5.35)$$

图 5.22 为各试验组次实测输沙率参数 W^* 与水流参数 ς 的关系，由于推移质输沙率峰值与平均流速、水深不同步，W^* 与 ς 呈绳套曲线关系。前已提及，对于 $P>0.32$ 的强非恒定泄水波，由于输沙率峰值滞后于水力要素峰值，W^* 与 ς 呈逆时针绳套关系，对 $P<0.32$ 的弱非恒定泄水波，因输沙率峰值提前于水力要素峰值，W^* 与 ς 呈顺时针绳套关系，总体上来看，$P>0.32$ 时，绳套曲线较宽。

图 5.23 为各试验组次在涨水期的输沙率参数 W^* 与水流参数 ς 的关系，外延数据点至 $W^*=0.002$，对应的 ς 为非恒定流涨水期的起动条件（ς_c），试验组次 UUM1～UUM7 涨水期的起动水流条件 ς_c 见表 5.5，ς_c 变化范围 1.6～2.16，恒定流条件下，起动水流条件 ς_c 为 1.94。

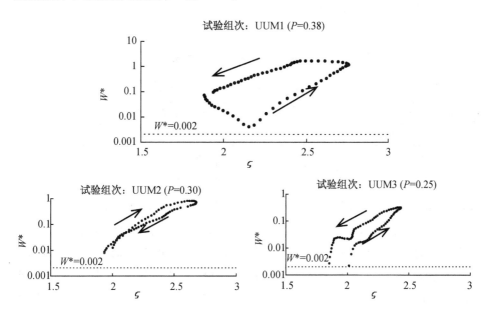

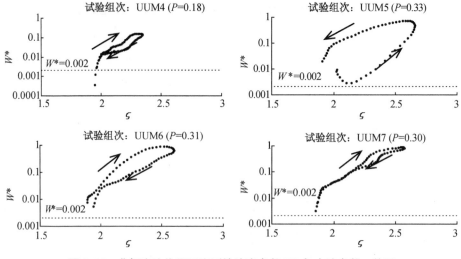

图 5.22   非恒定流作用下实测输沙率参数 W^* 与水流参数 ς 关系

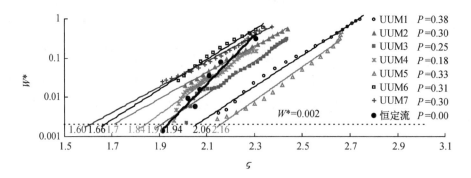

图 5.23   涨水期输沙率参数 W^* 与水流参数 ς 关系

表 5.5   各试验组次输沙量涨水期的起动条件(ς_c)

项目	恒定流	UUM1	UUM2	UUM3	UUM4	UUM5	UUM6	UUM7
P	0.00	0.38	0.30	0.25	0.18	0.33	0.31	0.30
$Q_b(\mathrm{l})$	/	43.94	45.27	44.37	43.64	44.62	44.03	44.27
$h_b(\mathrm{cm})$	/	12.19	11.94	10.95	10.75	11.76	11.62	11.24
ς_c	1.94	2.06	1.70	1.91	1.84	2.16	1.66	1.60

  总体上来看,对于强非恒定流($P>0.32$)时(试验组次 UUM1、UUM3、UUM5),由于水力要素快速变化,床面泥沙没有足够的时间对快速变化的水流迅速做出响应,从而使得输沙率滞后于来流过程,涨水期泥沙达到起动所对应的水流条件ς_c相对较大(图5.24),一般比恒定流条件的起动水流条件要大些,即

同水深条件下,泄水波非恒定性较强时,床沙起动流速也较大;对于弱非恒定流($P<0.32$)时(试验组次 UUM2、UUM4、UUM6、UUM7),试验实测输沙率峰值先于水流条件,使得涨水期泥沙起动所需的水流条件ς_c相对较小(图 5.24),一般比恒定流条件的起动水流条件要小些。

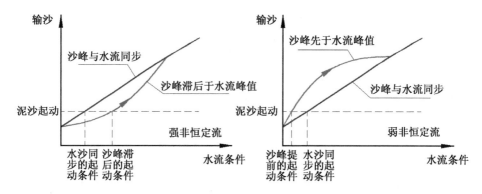

图 5.24 沙峰与水流峰值不同步引起涨水期泥沙起动条件的差异

5.5 非恒定流作用下推移质输移机理

试验表明,非恒定流涨落水过程中推移质泥沙主要以跃移的形式向下游输移,床面的泥沙颗粒脱离床面发生跃移可分为三个过程(图 5.25),分别为脱离床面阶段(OA)、跃移上升期(AB)、跃移下降期(BC)。下面分别讨论。

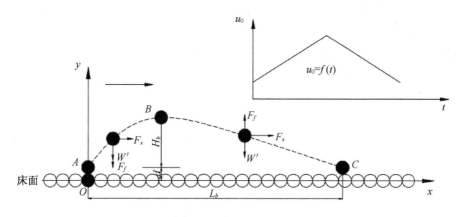

图 5.25 非恒定流作用下推移质跃移示意图

(1)泥沙颗粒脱离床面阶段(OA):$y=0 \rightarrow d$

这个阶段是赋予泥沙具备跃移向上初速度的阶段,是由颗粒顶部与底部存在流速差引起。颗粒主要受力包括:水下重力 W'、粒间离散力 F_l、上举力 F_y、颗粒向上运动受到水流的阻力 F_f,其中粒间离散力为水流正面推力引起的向上分力。各作用力可分别表示为

$$W' = \alpha_1 (\rho_s - \rho) g d^3 \tag{5.36}$$

$$F_l = \lambda_x \alpha_2 d^2 \frac{\varrho u_0^2}{2} \tag{5.37}$$

$$F_y = \lambda_y \alpha_3 d^2 \frac{\varrho u_0^2}{2} \tag{5.38}$$

$$F_f = \lambda_f \alpha_4 d^2 \frac{\varrho u_{by}^2}{2} \tag{5.39}$$

式(5.36)~式(5.39)中:ρ_s、ρ 分别为泥沙、水的密度;g 为重力加速度;α_1、α_2、α_3、α_4 分别为颗粒形状系数,对于近似椭球体的泥沙颗粒,可取 $\alpha_1 = \alpha_2 = \pi/6$、$\alpha_3 = \pi/3, \alpha_4 = \pi/4$[190];$d$ 为泥沙粒径;λ_x、λ_y、λ_f 分别为粒间离散力、上举力和阻力系数,近似取 $\lambda_x = 0.2, \lambda_y = 0.28$[191],$\lambda_f = 1.2$[190];$u_0$ 为非恒定流作用下的底流速;u_{by} 为泥沙颗粒 y 向的运动速度。

颗粒在脱离床面的过程中,颗粒顶部与底部流速差不断减小,即上举力发生衰减,衰减过程中的上举力与距离床面的高度有关,Yalin[192] 曾假定 $F_y/W' \sim e^{-y/d}$,窦国仁[190] 则不考虑上举力和离散力的衰减变化而近似看成一常数,并认为颗粒上升一个粒径高度后,由于水流对颗粒的环绕趋于对称,上举力消失,同时颗粒前边无其他静止颗粒阻挡,粒间离散力也消失。本书采用窦国仁的上举力和粒间离散力的处理方法。根据达朗贝尔原理,对于某一位置处(x 固定,水沙要素仅随 t 变化),泥沙颗粒脱离床面阶段的运动方程为

$$m \frac{\mathrm{d}u_{by}}{\mathrm{d}t} = F_l + F_y - W' - F_f \tag{5.40}$$

式中:m 为泥沙颗粒的重量,$m = \rho_s \alpha_1 d^3$。恒定状态下,颗粒上升的加速度可表示为

$$\frac{\mathrm{d}u_{by}}{\mathrm{d}t} = \frac{\mathrm{d}u_{by}}{\mathrm{d}y} \frac{\mathrm{d}y}{\mathrm{d}t} = \frac{\mathrm{d}u_{by}}{\mathrm{d}y} u_{by} = \frac{1}{2} \frac{\mathrm{d}u_{by}^2}{\mathrm{d}y} \tag{5.41}$$

颗粒脱离床面阶段,尽管床面附近流速随 y 梯度较大,但由于颗粒跃移高度一般较小,另一方面,作为非恒定流虽然流速随时间变化,但颗粒脱离床面的

时间一般较短,作为近似,式(5.37)、式(5.38)中不考虑 u_0 随 y、t 变化,将式(5.36)~式(5.39)代入式(5.40)进行积分,式(5.40)的边界条件为 $y=0$, $u_{by}=0$,推求得到

$$u_{by} = \sqrt{\frac{K_1}{K_2}} \sqrt{(u_0^2 - u_{0a}^2)(1 - e^{-2K_2 \frac{\rho}{\rho_s} \frac{y}{d}})} \tag{5.42}$$

式中:$K_1 = \frac{\lambda_x \alpha_2 + \lambda_y \alpha_3}{2\alpha_1}$, $K_2 = \frac{\lambda_f \alpha_4}{2\alpha_1}$, u_{0a} 由下式确定

$$u_{0a} = \sqrt{\frac{1}{K_1}} \sqrt{\frac{\rho_s - \rho}{\rho} g d} \tag{5.43}$$

当颗粒上升至距离床面一个粒径时,上举力、粒间离散力消失,此时颗粒上升速度最大,即 $y=d$ 时, $u_{by}=u_{by\max}$,由式(5.42)得到

$$u_{by\max} = \psi \sqrt{u_0^2 - u_{0a}^2} \tag{5.44}$$

其中

$$\psi = \sqrt{\frac{K_1}{K_2}} \sqrt{1 - e^{-2K_2 \frac{\rho}{\rho_s}}} \tag{5.45}$$

(2) 泥沙颗粒跃移上升阶段(AB)的 y 向运动: $y=d \rightarrow y_{\max}$

泥沙颗粒以 $u_{by\max}$ 离开床面后,颗粒 y 向仅受水下重力和水流阻力的作用(图 5.25),颗粒进入跃移上升阶段,颗粒上升速度不断减小,其运动方程可表示为

$$m \frac{\mathrm{d}u_{by}}{\mathrm{d}t} = -W' - F_f \tag{5.46}$$

将式(5.36)、式(5.39)代入至式(5.46),式(5.46)的边界条件为 $y=d$ 时, $u_{by}=u_{by\max}$,推求得到颗粒跃移上升阶段的 y 向运动速度:

$$u_{by} = \sqrt{\left(u_{by\max}^2 + \frac{K_1}{K_2}u_{0a}^2\right)e^{2K_2 \frac{\rho}{\rho_s}\left(1 - \frac{y}{d}\right)} - \frac{K_1}{K_2}u_{0a}^2} \tag{5.47}$$

颗粒上升至最高点 $y_{\max}$ 时,颗粒 y 向运动速度 $u_{by}=0$,将该边界条件代入至式(5.47)得到

$$\frac{y_{\max}}{d} = 1 + \frac{1}{2K_2} \frac{\rho_s}{\rho} \ln \frac{\frac{K_1}{K_2}u_{0a}^2 + u_{by\max}^2}{\frac{K_1}{K_2}u_{0a}^2} \tag{5.48}$$

颗粒跃移高度 $H_b = y_{max} - d$,由式(5.48)得

$$H_b = \frac{1}{2K_2} \frac{\rho_s d}{\rho} \ln\left(1 + \frac{K_2}{K_1} \psi^2 \frac{u_0^2 - u_{0a}^2}{u_{0a}^2}\right) \tag{5.49}$$

颗粒由脱离床面至最高位置($y = d \rightarrow y_{max}$)的时间 t_1 可由下式确定

$$t_1 = \int_d^{y_{max}} \frac{dy}{u_{by}} = \frac{1}{\sqrt{K_1 K_2}} \frac{\rho_s}{\rho} \frac{d}{u_{0a}} \arctan\left(\sqrt{\frac{K_2}{K_1}} \psi \sqrt{\frac{u_0^2}{u_{0a}^2} - 1}\right) \tag{5.50}$$

(3) 泥沙颗粒跃移下降阶段(BC)的 y 向运动:$y = y_{max} \rightarrow d$

颗粒跃移至最高点后,在水下重力的作用下开始下降,颗粒下降初期,由于水流 y 向阻力较小,颗粒下降速度不断加大,直至颗粒水下重力与阻力相等,颗粒在 y 向的匀速下降,直至颗粒落至床面,完成颗粒单步跃移过程。颗粒下降的过程中,受到的水流阻力与颗粒运动速度相反,该阶段颗粒的运动方程可表示为

$$m \frac{du_{by}}{dt} = -W' + F_f \tag{5.51}$$

式(5.51)的边界条件为 $y = y_{max}$ 时,$u_{by} = 0$,对式(5.51)进行积分得到

$$u_{by} = -\sqrt{\frac{K_1}{K_2}} u_{0a} \sqrt{1 - e^{-2K_2 \frac{\rho}{\rho_s} \frac{y_{max} - y}{d}}} \tag{5.52}$$

式(5.52)中"$-$"表示颗粒 y 向运动方向为竖直向下。

颗粒由跃移最高位置处下降至床面位置($y = y_{max} \rightarrow d$)的时间 t_2 可由下式确定

$$t_2 = \int_{y_{max}}^d \frac{dy}{u_{by}} = \frac{1}{\sqrt{K_1 K_2}} \frac{\rho_s}{\rho} \frac{d}{u_{0a}} \left[\ln\left(1 + \sqrt{1 - e^{-2K_2 \frac{\rho}{\rho_s} \frac{H_b}{d}}}\right) + K_2 \frac{\rho}{\rho_s} \frac{H_b}{d}\right] \tag{5.53}$$

(4) 泥沙颗粒跃移阶段(ABC)的 x 向运动

泥沙颗粒由脱离床面发生的单步跃移过程中,在 y 方向的运动过程中仅与脱离床面时刻的水流近底流速 u_0 有关,与颗粒跃移过程中(与床面不接触)水流流速是否发生改变无直接关系,即颗粒脱离床面后 y 向的运动过程可不考虑水流的非恒定性,水流的非恒定性对颗粒运动的影响主要体现在纵向(x 方向)的运动速度。颗粒在脱离床面前纵向位移较小,作为近似可不计,但颗粒脱离床面后在 x 方向的运动过程可表示为

$$m \frac{\mathrm{d}u_{bx}}{\mathrm{d}t} = F_x \tag{5.54}$$

式中：u_{bx} 为泥沙颗粒 x 向的运动速度；F_x 为纵向水流对颗粒的作用力，可由下式确定

$$F_x = \lambda_f \alpha_4 d^2 \frac{\rho(u_0 - u_x)^2}{2} \tag{5.55}$$

式中：u_0 为非恒定流作用下的底流速，其为时间的函数，即 $u_0 = u_0(t)$。将式（5.55）代入式（5.54）整理后得到

$$\frac{\mathrm{d}u_{bx}}{\mathrm{d}t} = K_2 \frac{\rho}{\rho_s d} [u_0(t) - u_{bx}]^2 \tag{5.56}$$

式（5.56）为一阶非线性常微分方程，初始条件为 $t=0$ 时，$u_{bx}=0$，若 $u_0(t)$ 为 t 的任意函数，方程式（5.56）无解析解，为了简化研究问题，假定所研究的非恒定流涨落水过程线性变化，即本书试验中所采用的非恒定三角波波形，则近底流速 u_0 随时间的变化过程可表示为

$$u_0(t) = kt + b \tag{5.57}$$

式中：k 为近底流速变化的斜率，近底流速单增时 $k>0$，单减时 $k<0$；b 为近底初始流速。

将式（5.57）代入方程（5.56）进行积分时需考虑 k 的正负。考虑不同的 k，对式（5.56）积分得到：

1）近底流速线性增大阶段（$k>0$）

$$u_{bx} = u_0 + kt - \sqrt{\frac{k}{a}} \frac{\left(u_0 + \sqrt{\frac{k}{a}}\right) e^{2\sqrt{kat}} + \left(u_0 - \sqrt{\frac{k}{a}}\right)}{\left(u_0 + \sqrt{\frac{k}{a}}\right) e^{2\sqrt{kat}} - \left(u_0 - \sqrt{\frac{k}{a}}\right)} \tag{5.58}$$

式中：t 为颗粒单步跃移过程的时间，$t=0$ 时为颗粒脱离床面的时刻。

其中

$$a = K_2 \frac{\rho}{\rho_s d} \tag{5.59}$$

泥沙颗粒单步跃移长度 L_b 为颗粒完全脱离床面至重新与床面发生接触的距离，可由下式确定

107

$$L_b = \int_0^{t_1+t_2} u_{bx}\, \mathrm{d}t \tag{5.60}$$

将式(5.58)代入式(5.60)得到

$$L_b = 0.5k(t_1+t_2)^2 + u_0(t_1+t_2) -$$

$$\frac{1}{2a}\ln\frac{a\Big[\Big(u_0+\sqrt{\frac{k}{a}}\Big)\mathrm{e}^{2\sqrt{ka}(t_1+t_2)} - \Big(u_0-\sqrt{\frac{k}{a}}\Big)\Big]^2}{4k\mathrm{e}^{2\sqrt{ka}(t_1+t_2)}} \tag{5.61}$$

式中：t_1+t_2可由式(5.50)、式(5.53)求得

$$t_1+t_2 = \frac{1}{\sqrt{K_1 K_2}}\frac{\rho_s}{\rho}\frac{d}{u_{0a}}\Big[\arctan\Big(\sqrt{\frac{K_2}{K_1}}\psi\sqrt{\frac{u_0^2}{u_{0a}^2}-1}\Big)+$$

$$\ln\Big(1+\sqrt{1-\mathrm{e}^{-2K_2\frac{\rho}{\rho_s}\frac{H_b}{d}}}\Big)+K_2\frac{\rho}{\rho_s}\frac{H_b}{d}\Big] \tag{5.62}$$

式中：u_{0a}由式(5.43)确定；ψ由式(5.45)确定；H_b由式(5.49)确定。

由式(5.62)可以看出，泥沙颗粒单步跃移所需时间(t_1+t_2)仅与泥沙颗粒密度ρ_s、粒径d、颗粒脱离床面时的近底流速u_0有关，由式(5.61)可看出，泥沙颗粒单步跃移长度不仅与ρ_s、d、颗粒脱离床面时的近底流速u_0有关，还与近底流速的变化率k有关。

颗粒单步跃移的平均运动速度可由下式确定

$$\overline{u_{bx}} = \frac{L_b}{t_1+t_2} \tag{5.63}$$

将式(5.61)代入式(5.63)得到近底流速线性增加阶段泥沙颗粒单步跃移的平均速度$\overline{u_{bx}}$

$$\overline{u_{bx}} = 0.5k(t_1+t_2) + u_0 -$$

$$\frac{1}{2a(t_1+t_2)}\ln\frac{a\Big[\Big(u_0+\sqrt{\frac{k}{a}}\Big)\mathrm{e}^{2\sqrt{ka}(t_1+t_2)} - \Big(u_0-\sqrt{\frac{k}{a}}\Big)\Big]^2}{4k\mathrm{e}^{2\sqrt{ka}(t_1+t_2)}} \tag{5.64}$$

2) 近底流速线性减小阶段($k<0$)

$$u_{bx} = u_0 + kt - \sqrt{\frac{-k}{a}}\tan\Big[\arctan\Big(u_0\sqrt{\frac{a}{-k}}\Big) - t\sqrt{-ka}\Big] \tag{5.65}$$

将式(5.65)代入式(5.60)得到

$$L_b = 0.5k(t_1 + t_2)^2 + u_0(t_1 + t_2) -$$
$$\frac{1}{a} \ln \left| \frac{\cos\left[\arctan\left(u_0 \sqrt{\frac{a}{-k}}\right) - \sqrt{-ka}(t_1 + t_2)\right]}{\cos\left[\arctan\left(u_0 \sqrt{\frac{a}{-k}}\right)\right]} \right| \tag{5.66}$$

将式(5.66)代入式(5.63)得到近底流速线性减小阶段泥沙颗粒单步跃移的平均速度$\overline{u_{bx}}$

$$\overline{u_{bx}} = 0.5k(t_1 + t_2) + u_0 -$$
$$\frac{1}{a(t_1 + t_2)} \ln \left| \frac{\cos\left[\arctan\left(u_0 \sqrt{\frac{a}{-k}}\right) - \sqrt{-ka}(t_1 + t_2)\right]}{\cos\left[\arctan\left(u_0 \sqrt{\frac{a}{-k}}\right)\right]} \right| \tag{5.67}$$

3) 近底流速恒定不变($k=0$)

$$u_{bx} = u_0 \left(1 - \frac{1}{1 + K_2 \frac{\rho}{\rho_s} \frac{u_0 t}{d}} \right) \tag{5.68}$$

将式(5.68)代入式(5.60)得到

$$L_b = u_0(t_1 + t_2) - \frac{1}{a} \ln \left[1 + K_2 \frac{\rho}{\rho_s} \frac{u_0(t_1 + t_2)}{d} \right] \tag{5.69}$$

颗粒单步平均跃移速度$\overline{u_{bx}}$可表示为

$$\overline{u_{bx}} = u_0 - \frac{1}{a(t_1 + t_2)} \ln \left[1 + K_2 \frac{\rho}{\rho_s} \frac{u_0(t_1 + t_2)}{d} \right] \tag{5.70}$$

式(5.64)、式(5.67)、式(5.70)分别为非恒定流水流流速线性加速段、减速段以及匀速段泥沙颗粒单步跃移的平均运动速度,可以看出泥沙颗粒运动速度不仅与近底流速大小有关,还与近底流速的变化率(k)有关,即与水流的非恒定性有关。当泥沙颗粒在相同的近底流速作用下脱离床面后,由于随后来流过程的差异,导致颗粒在纵向跃移过程发生改变(图5.26),非恒定减速流作用时颗粒单步跃移长度小于恒定流跃移长度,非恒定加速流单步跃移长度则大于恒定流条件,由于颗粒竖向运动过程仅与脱离床面时的近底流速有关,因而不管恒定流或非恒定加速流、减速流,若颗粒以相同的近底流速脱离床面,那么颗粒的跃移高度、跃移时间均相同,最终使得非恒定加速流中颗粒单步跃移的平均纵向运动速度大于恒定流条件,而非恒定减速流颗粒平均纵向运动速度小于恒定流条件。

上述各式中反映了泥沙单步平均运动速度与近底流速 u_0 之间的关系,本书第四章探讨了非恒定流作用下近底流速 u_0 与垂线平均流速 U 之间的关系,表明涨落水过程中 u_0 与 U 呈绳套关系,但绳套曲线宽度较窄,两者关系总体呈线性关系,可由式(4.7)表示。由式(4.7)可确定非恒定流涨落水过程中泥沙颗粒运动速度 $\overline{u_{bx}}$ 与垂线平均流速 U 之间的关系。

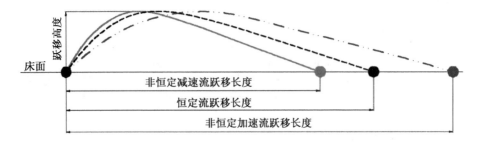

图 5.26 非恒定流颗粒跃移与恒定流差异

5.6 非恒定流作用下均匀推移质输沙率公式

设推移质运动速度为 u_b,推移质运动的床面层厚度为 δ_b,则推移质单宽输沙率 g_b 可表示为[193]

$$g_b = \rho_s u_b m_b \delta_b \tag{5.71}$$

式中:m_b 为动密实系数,即床面层中运动的泥沙体积占整个床面层体积的百分数。

非恒定流作用下推移质运动强度不断变化,推移层厚度相应调整,采用泥沙颗粒的平均跃移高度 H_b 作为推移层厚度的取值[194],即推移层厚度由式(5.49)确定。推求式(5.71)关键是确定泥沙运动速度 u_b 以及动密实系数 m_b。前已述及非恒定流作用下泥沙颗粒单步跃移的平均运动速度为 $\overline{u_{bx}}$,该速度即为推移质运动速度,对于近底流速线性增加阶段 u_b 可由式(5.64)确定,对于近底流速线性减小阶段 u_b 可由式(5.67)确定,其中近底流速 u_0 与垂线平均流速 U 之间关系可由式(4.7)近似确定。故仅需确定动密实系数 m_b。

显然 m_b 随着水流条件增强而增加,随泥沙起动水流条件的增加而减小,假定存在如下关系式:

$$m_b = \alpha \left(\frac{\varsigma - \varsigma_c}{\varsigma_c} \right)^{\beta} \tag{5.72}$$

式中：α 为系数；β 为指数；ς 为非恒定水流参数，由式(5.35)确定；ς_c 为非恒定流作用下的泥沙起动水流条件；该式可反映水流流速小于泥沙起动水流条件时，推移质单宽输沙率为零。

将式(5.72)代入(5.71)得到非恒定流作用下的推移质单宽输沙率公式

$$g_b = \alpha \rho_s u_b H_b \left(\frac{\varsigma - \varsigma_c}{\varsigma_c} \right)^{\beta} \tag{5.73}$$

式中：α 为系数；β 为指数，由试验资料确定；u_b 为非恒定流作用下的泥沙颗粒运动速度，对于线性加速流，u_b 可由式(5.64)、式(4.7)确定，对于线性减速流，u_b 可由式(5.67)、式(4.7)确定。

经试验资料率定，式(5.73)的指数 β 为 3，系数 α 为 $0.22 \sim 1.6$。图 5.27 给出了部分试验组次输沙率测量值与计算值的比较图，可见，总体上式(5.73)能较好地反映非恒定流涨落水的输沙率过程。

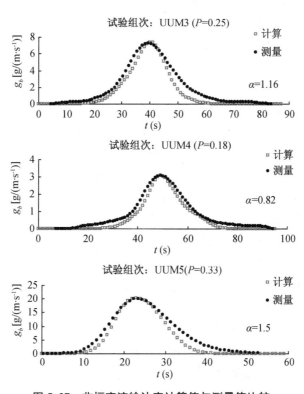

图 5.27　非恒定流输沙率计算值与测量值比较

图 5.28 为系数 α 与非恒定流强度参数 P 的关系,可以看出,水流非恒定性增强时,α 加大,对应动密实系数 m_b 也增加,使得输沙率也相应加大。

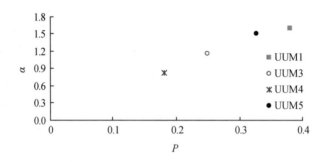

图 5.28　系数 α 与非恒定流强度参数 P 关系

5.7　本章小结

在底坡为 2.65‰的变坡水槽上开展了非恒定流作用下的均匀沙($d_{50}=$ 3.2 mm)平衡输移试验,研究了非恒定流作用下泥沙的输移特性以及起动问题。

(1)受床面推移质运动的影响,近底区一定范围内的流速分布完全偏离对数律,该区域实测流速偏小于内层区对数分布,流速越大,床面推移质运动强度越大,近底区流速愈偏小于对数分布;对受推移质影响下的对数流速分布公式中的积分常数 B_b 小于定床情况下的积分常数 B_r。

(2)非恒定流作用下的推移质输移具有明显的随机性、间歇性与阵发性。水流的非恒定强度对输沙率峰值的脉动性有影响,表现为输沙率峰值脉动标准差、无量纲脉动强度随水流非恒定强度无量纲数的增大而快速加大。对 $P>$ 0.32 的强非恒定泄水波而言,若采用较少的输沙率样本数,将会带来输沙率结果的偏差。非恒定流峰流强度较小时,涨落水过程中输沙率峰值相对不显著,且在峰流附近出现多个输沙率峰值;当峰流的水流强度较大时,输沙率波形具有明显的涨落过程,单个泄水波作用下输沙率仅出现单个峰值。

(3)非恒定作用下输沙率变化过程与水流条件具有不同步性,并与水流非恒定强度有关。当 $P>0.32$ 时,输沙率峰值一般滞后于水流参数峰值,$P<0.32$ 时,输沙率峰值可能出现先于水流参数到达峰值的现象。

(4)非恒定泄水波的输沙量与泄水波的径流量、水流非恒定性有关。水流非恒定性相同时,输沙量随泄水波径流量的增加而线性加大,径流量相同时,输沙量随水流平均非恒定性的增强而快速加大,两者呈乘幂关系。水流非恒定强度对输沙量的影响敏感于径流量。泄水波单宽输沙率随单宽流量增加而加大，两者呈绳套曲线关系，绳套曲线宽度随水流非恒定强度的增大而加大，泄水波的单宽输沙率峰值以及平均单宽输沙率强度随单宽流量或非恒定强度的加大而快速增加。

（5）非恒定流作用下泥沙起动流速与泥沙起动时的积分常数 B_r、尾流强度系数 Π 有关，涨落水过程中 B_r、Π 变化复杂，泥沙起动较恒定流复杂得多。

依据试验实测资料以及泥沙起动的输沙率判别法分析了非恒定流作用下的泥沙起动条件，表明非恒定流涨水期的起动水流条件 ζ_c 变化范围 1.6～2.16，而恒定流的 ζ_c 为 1.94。$P>0.32$ 时，输沙率滞后于来流过程，涨水期泥沙达到起动条件需要的水流条件 ζ_c 相对较大，一般比恒定流条件的起动水流条件要大些；$P<0.32$ 时，试验实测输沙率峰值先于水流条件，使得涨水期泥沙起动所需的水流条件 ζ_c 相对较小，一般比恒定流条件的起动水流条件要小些。

（6）从泥沙颗粒跃移的角度出发，探讨了非恒定流作用下颗粒单步跃移的机理，颗粒跃移可分为脱离床面期、跃移上升期、跃移下降期等三个阶段，颗粒竖向运动过程仅与颗粒脱离床面时的近底流速有关，颗粒纵向运动不仅同颗粒脱离床面时的近底流速有关，同时与颗粒脱离床面后的来流过程有关。在对泥沙颗粒受力分析的基础上，基于达朗贝尔原理导出了非恒定流作用下颗粒跃移高度、长度、运动速度的计算公式，并推求得到非恒定流作用下均匀推移质输沙率公式。

第六章

非恒定清水作用下沙卵石输移试验研究

以往对宽级配沙卵石清水粗化的研究主要集中在恒定流条件,然而对于水利枢纽坝下游河段,由于受电站发电调峰的影响,枢纽下泄水流的非恒定强度一般较大,前文已述,水流的非恒定强度对泥沙输移具有显著影响。本章主要开展非恒定清水作用下沙卵石的输移试验工作,分析非恒定清水作用下沙卵石的输移规律。

6.1 试验条件与方法

非恒定流作用下的沙卵石输移试验共进行 6 组,水槽进口不加沙,各试验水流条件汇总于表 6.1。SNM1、SNM2 为恒定流试验,流量分别为 60、70 l/s;UNM1~UNM4 为非恒定流(连续三角波)试验,单个三角波平均流量为 59.64~77.49 l/s,水槽进口基流流量 43.99~45.10 l/s,峰值流量 80.01~119.06 l/s,进口流量过程与非恒定流作用下的均匀沙输移试验 UUM1~UUM4(表 5.1)一致,试验初期(测流区床面尚未冲刷下切),基流水深 11.23~12.79 cm,峰流水深 13.32~16.67 cm,峰流时水槽宽深比(B/h)为 4.80~6.01,基流断面平均流速 0.43~0.49 m/s,峰流断面平均流速 0.75~0.89 m/s,峰流傅汝德数 0.66~0.70,表明各组试验均为缓流,非恒定参数 $P=0.20~0.45$。

试验沙卵石铺沙长度 15.09 m,铺沙厚度 15 cm,为了保证沙卵石粗细颗粒充分混合,铺沙前先灌水将试验沙浸泡,之后将水排干使得试验沙处于潮湿状态,并进行多次翻砂,架断面板刮平床面,然后将断面板抽出并局部平整床面,从水槽尾端灌水并尽可能使泥沙颗粒不运动,至水位高出床面 5 cm 以上时,采用非恒定流控制系统将进口流量逐渐增加至试验要求的基流流量,在这一过程中逐渐打开尾门至敞泄状态。待基流流量下的水面线稳定后,非恒定流控制系统按试验要求的流量过程进行控制,试验过程中水槽进口不加沙。当输沙率小于试验初期最大输沙率的 1‰或输沙率接近零时,认为床面粗化层形成,将水槽内

表 6.1　非恒定沙流沙卵石输移试验水力要素汇总

组次	T (s)	$\widetilde{Q}$ (m³)	$\overline{Q}$ (l/s)	W_b (kg)	基流							峰流							P
					h_b (cm)	B/h	Q_b (l/s)	V_b (m/s)	R_b (×10⁵)	F_{rb}	g_{tb} [g/(m·s⁻¹)]	h_p (cm)	B/h	Q_p (l/s)	V_p (m/s)	R_{ep} (×10⁵)	F_{rp}	g_{bp} [g/(m·s⁻¹)]	
SNM1	96	5.76	60.00	0.233	11.00	7.27	60.00	0.68	2.30	0.66	/	11.00	7.27	60.00	0.68	2.30	0.66	/	0.00
SNM2	80	5.60	70.00	0.182	12.98	6.16	70.00	0.67	2.68	0.60	/	12.98	6.16	70.00	0.67	2.68	0.60	/	0.00
UNM1	72	5.579	77.49	0.822	12.79	6.26	43.99	0.43	1.68	0.38	0.522	16.67	4.80	119.06	0.89	4.56	0.70	38.472	0.45
UNM2	80	5.748	71.85	0.598	12.41	6.45	45.10	0.45	1.73	0.41	0.452	15.56	5.14	103.85	0.83	3.97	0.68	24.629	0.34
UNM3	88	5.682	64.57	0.404	11.42	7.01	44.71	0.49	1.71	0.46	0.364	13.96	5.73	89.93	0.81	3.44	0.69	14.938	0.26
UNM4	96	5.725	59.64	0.295	11.23	7.12	44.29	0.49	1.70	0.47	0.211	13.32	6.01	80.01	0.75	3.06	0.66	9.482	0.20

注：试验水槽底坡 2.65‰，上游不加沙；"SNM""UNM"中 S 表示恒定流（steady flow），N 表示非定流（steady flow），M 表示动床（mobile bed）；N 表示非均匀沙（nonuniform sediment），M 表示均匀沙；SNM1～SNM2 为恒定流条件，其水力要素为恒定流量平均得到，单波输沙量 W_b 分别是按照周期 96 s，80 s 将输 U 表示非定流（unsteady flow）（泄水波），泄水波过程人为分段，单个泄水波输沙量平均得到。然后按前 100 个泄水波根据前 100 个泄水波的 沙率过程人为分段，单个泄水波输沙量平均得到；单波输沙量 $\widetilde{Q} = \int_0^T Q \mathrm{d}t$；单个泄水波输沙量 $W_b = B\int_0^T g_b \mathrm{d}t$；断面平均流速 $V = Q/Bh$，$B = 0.8$ m；雷诺数 $R_e = 4hV/\nu$，ν 为水流运动粘带 水沙要素得到；单个泄水波径流量 $\widetilde{Q} = \int_0^T Q \mathrm{d}t$；单个泄水波输沙量 $W_b = B\int_0^T g_b \mathrm{d}t$，$T_r$ 为涨水期时间。

系数；$F_r = V/(gh)^{1/2}$；非恒定参数 $P = \dfrac{1000 BT_r}{Q_p - Q_b} \left(\dfrac{h_p - h_b}{T_r}\right)^2$，$T_r$ 为涨水期时间。

水体慢慢排空,待床面较干后,进行粗化层取样,将 20×20 cm 的框架沿程布设 8 个,将熔化后的石蜡均匀倾入框内,待石蜡冷却凝固后将框架从床面取出(图 6.1),将取样体置于容器内加热使得石蜡熔化,此时石蜡与试验沙初步分离,捞出试验沙,利用煤油将试验沙表层石蜡进行熔解,最终可将试验沙从石蜡中完全分离出来[108]。

图 6.1　利用石蜡进行粗化层取样

试验测量内容包括:床沙初始级配;试验过程中沿程水位、输沙率(接沙容器＋电子天平)、冲刷他移级配、试验初期接沙容器上游 1.195 m 处水槽中垂线流速(PIV);粗化后级配。

水位、推移质输沙率采样频率为 1 Hz;PIV 测量垂线流速 25～30 个三角波过程,采样频率为 4 Hz。水位、PIV 流速、输沙率数据处理方法同非恒定流作用下均匀沙输移试验。

6.2　非恒定清水作用下沙卵石输移特性

6.2.1　床沙粗化过程

对于宽级配的沙卵石河床,当上游来沙量小于水流输沙能力,且水流强度不足以使床面所有颗粒起动时,床面泥沙将发生分选输移,较细颗粒有较多机会被冲刷下移,而较粗颗粒则保留在床面基本不动,致使床面在下切的同时床沙不断变粗,最终形成以不动粗颗粒为主的粗化稳定结构,即粗化层,以限制床面继续下切[133]。若水流强度增大,则可动粒径范围扩大,粗化层中又有部分较细颗粒冲刷下移,并形成新的级配更粗的粗化层,直至出现临界粗化层。此后若再加大流量,粗化层完全破坏,露出下层原始级配床沙,床面再度刷深。

水槽试验观察表明:恒定流条件时(试验组次 SNM1、SNM2)试验初期床面暴露于水流的泥沙颗粒直接以滚动(较粗颗粒)或跃移(细颗粒)的形式向下游输移,表现为床沙细颗粒中的较粗部分、以及粗颗粒中的较细部分被冲刷下移,由于进口无泥沙补给,床面在清水作用下沿程发生侵蚀,床面坡降发生动态调整,表现为坡降减缓(图 6.2),水面比降相应减缓,冲刷他移级配较试验前床沙相比不断细化,相应地床面泥沙组成逐渐变粗,至输沙率较小时,床沙初始级配、冲刷他移级配及粗化后床沙级配形成 3 条具有显著差异的曲线(图 6.3),冲刷他移级配曲线及粗化后床沙级配曲线分别位于床沙初始级配曲线的左右侧,冲刷他移级配及粗化后床沙级配趋向均匀。如,试验组次 SNM1,初始床沙中径 d_{50} 为 3.2 mm,不均匀系数 $\eta(=\sqrt{d_{75}/d_{25}})$ 为 1.76;输沙率较小时,输沙 d_{50} 为 2.22 mm, η 为 1.45;粗化后床沙级配曲线呈躺椅状,床面形成粗化层(图 6.4),床沙 d_{50} 为 5.9 mm, η 为 1.45。

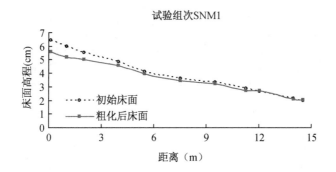

图 6.2 试验前后床面高程变化(试验组次 SNM1)

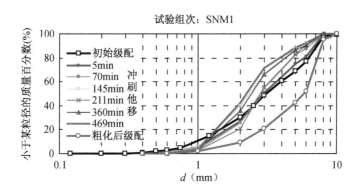

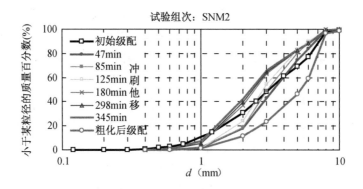

图 6.3　恒定流清水冲刷过程中冲刷他移级配变化

（试验组次 SNM1～SNM2）

注：输沙中"a min"表示试验 a 分钟后的冲刷他移级配，下同。

图 6.4　清水冲刷后床面形成粗化层

　　将恒定的来流过程调整成三角形波动水流（非恒定流）时，尽管四组试验的单个泄水波的径流量相差较小，为 5.579～5.748 m³（表 6.1），或者单个泄水波的平均流量与恒定流试验相同，如非恒定流试验 UNM2 的单个泄水波平均流量为 71.85 l/s，与恒定流 SNM2 流量 70 l/s 基本相同，非恒定泄水波 UNM4 平均流量 59.64 l/s，与恒定流 SNM1 流量 60 l/s 几乎一致，然而床面泥沙受水流的涨落水过程连续作用后，床面粗化过程出现了明显差异。从冲刷他移级配的变化可反映床面粗化的过程，对比图 6.3、图 6.4 中具有相同平均流量的试验组次 UNM2、SNM2 与 UNM4、SNM1，可以看出，由于泄水波涨落水过程中部分时段流量超出平均流量，使得恒定流中未起动的较粗颗粒也发生输移，因而冲刷他移级配明显粗于恒定流条件，床沙中较粗颗粒在泄水波作用下分时段向下输移，粗颗粒输沙量的大小与超过平均流量部分的流量的持续时间及流量大小有关，使得床面难以形成较为稳定的粗化层。

进一步从非恒定流冲刷他移级配的变化来看（图 6.5），四组非恒定流试验 UNM1～UNM4 径流量基本相同，当水流非恒定性较强时（如 UNM1），水流输沙能力亦强，冲刷他移级配也明显粗于初始床沙级配。

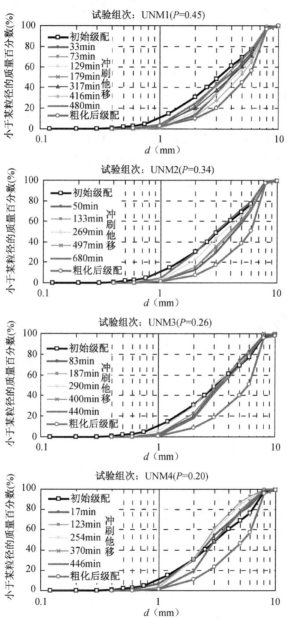

图 6.5　非恒定流清水冲刷过程中冲刷他移级配变化

（试验组次 UNM1～UNM4）

6.2.2 输沙率变化

恒定流条件下,由于进口无泥沙补给,当水流强度不足以使床沙所有粒径颗粒起动时,床面因水流分选作用逐渐发育形成粗化层,床面粗化的过程反映了床面组成物对水流条件做出的动态调整,试验初期调整幅度大,随着水流作用时间的延续呈现逐渐衰减的趋势,这种动态衰减过程同时体现在沙卵石的输沙率变化上,即随着可动床沙的不断下移,输沙率因床面粗化过程的发展而逐渐减小,直至床面形成粗化层时输沙率趋于零。

图6.6为恒定流试验 SNM1～SNM2 位于动床尾部输沙率随时间的变化过程,可以看出,随着床面的逐渐粗化,输沙率变化总体上呈递减趋势,由于近底流速的脉动性,输沙率变化时大时小,呈一定带状,同时床沙在输移过程中水流条件亦做出相应调整,总体上水面比降趋缓,局部水面比降增大时,输沙率相应加大。

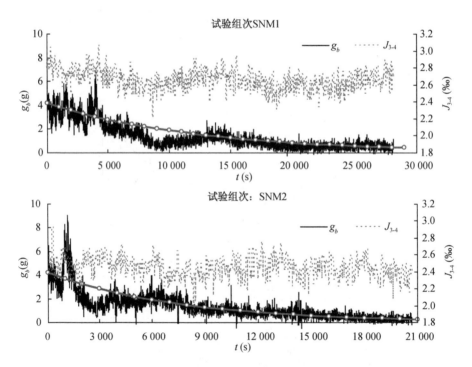

图 6.6 恒定流清水冲刷输沙率随时间变化(试验组次 SNM1～SNM2)

非恒定泄水波连续作用时,输沙率随涨落水过程发生增减,各泄水波作用下的输沙率峰值随时间的变化见图6.7,可以看出泄水波水面比降峰值总体上在波

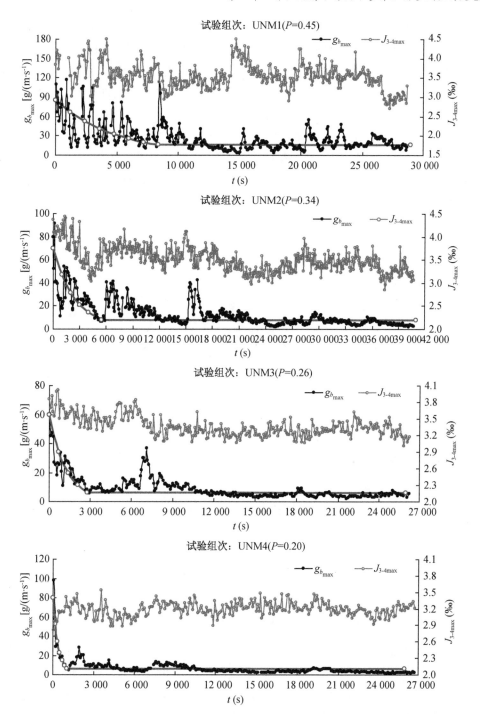

图 6.7　非恒定清水冲刷各泄水波输沙率峰值随时间变化(试验组次 UNM1~UNM4)

动中趋缓,相应的输沙率峰值总体上呈现衰减的趋势,在非恒定泄水波作用沙卵石床面初期,床沙分选作用显著,局部床面不断调整,泄水波水面比降峰值具有明显的波动不稳定性,致使输沙率峰值做出动态调整,波动性明显,在输沙调整的中后期,输沙总体变化平稳,当泄水波涨水期水面比降峰值加大时,输沙率峰值相应加大,但输沙率峰值滞后于水面比降峰值。

由于各泄水波的流量过程相同,输沙率的变化主要与水面比降有关,点绘各泄水波输沙率峰值与水面比降峰值关系(图 6.8),可以看出总体上输沙率峰值随涨水期水面比降峰值加大而增加,由于输沙率峰值与水面比降峰值出现的不同步性,两者直接关系较分散,呈带状变化。

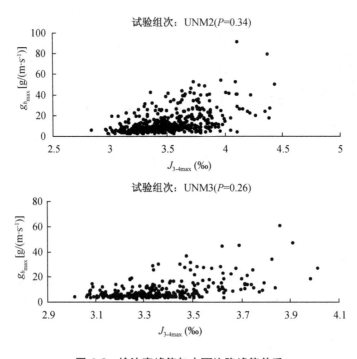

图 6.8 输沙率峰值与水面比降峰值关系

6.2.3 水流非恒定性对沙卵石输移的影响

前已述及,非恒定流试验 UNM2(周期 80 s)平均流量与恒定流 SNM2 流量,以及 UNM4(周期 96 s)平均流量与 SNM1 流量几乎相同,将恒定流试验 SNM2、SNM1 分别按周期 80 s、96 s 人为分成单个泄水波,并对各泄水波的输沙率峰值进行比较。图 6.9 为平均流量相同时恒定流与非恒定流输沙率峰值随泄水波个数的变化,可以看出,尽管泄水波平均流量相同,但非恒定泄水波由于对周期内流量过程的重新分配,最大流量大于平均值,输沙率峰值明显大于恒定流条件,且非恒定泄水波输沙率峰值衰减幅度显著大于恒定流条件。但由于来流的非恒定性,使得输沙率峰值趋于稳定所需时间也大于恒定流条件,即非恒定流条件下输沙率较恒定流更难趋于稳定。

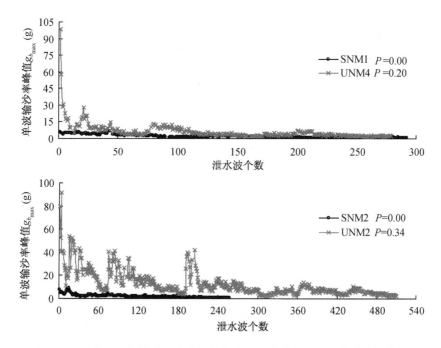

图 6.9 平均流量相同时恒定流与非恒定流输沙率峰值随泄水波个数变化

进一步分析单个泄水波径流量相同的条件下,水流非恒定性对单波输沙量的影响(图 6.10),可以看出,当泄水波径流量基本相同时,水流非恒定强度越

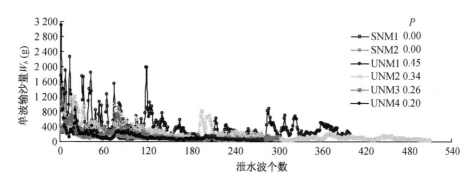

图 6.10 泄水波输沙量随泄水波个数变化

大,单波输沙量也越大,输沙量也愈难趋于稳定,这从侧面可反映出对于下泄径流量相同的泄水波,水流非恒定强度愈强,沙卵石床面愈难趋于粗化稳定。

统计各试验组次前 100 个泄水波的平均输沙量,详见表 6.1 中的 W_b 项,可以看出,随着非恒定参数 P 的加大,泄水波平均输沙量 W_b 也加大,点绘 W_b 与 P 的关系(图 6.11),可得到两者经验关系:

$$W_b = 0.19e^{3.08P} \tag{6.1}$$

根据试验资料,进一步相关分析无量纲输沙量强度参数 W_b^*(式 5.15)与径流量强度参数 W_k(式 5.16)、非恒定参数 P 的关系(图 6.12),得到如下经验关系式:

$$W_b^* = 33.19W_k^{0.45}P^{2.48} + 9.23 \tag{6.2}$$

式(6.2)相关系数达 0.98(图 6.12),其中关系式中 P 的指数为 2.48 大于 W_k 的指数 0.45,表明泄水波平均非恒定强度对输沙量 W_b 的影响敏感于径流量。

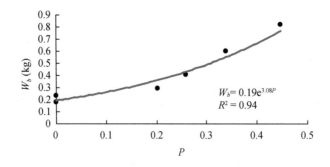

图 6.11 泄水波输沙量 W_b 随水流非恒定参数 P 的变化

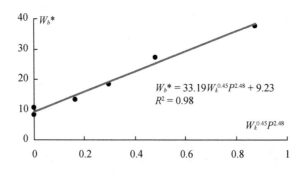

图 6.12 输沙量强度参数 W_b^* 与径流量
强度参数 W_k、非恒定参数 P 关系

根据试验资料,相关分析平均单宽输沙率强度参数$\overline{g_b}^*$(式 5.23)与单宽流量强度参数$\overline{q}^*$(式 5.24)、非恒定参数 P 关系(图 6.13),得到经验关系式:

$$\overline{g_b}^* = 0.016\,\overline{q}^{*1.1}P^2 + 0.001\,4 \qquad (6.3)$$

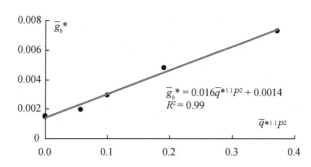

图 6.13　平均单宽输沙率强度参数$\overline{g_b}^*$与单宽流量

强度参数$\overline{q}^*$、非恒定参数 P 关系

6.2.4　床沙非均匀性对沙卵石输移的影响

不同的床沙级配(包括床沙中值粒径 d_{50}、几何均方差 σ_g)因不同粒径级的粗细颗粒含量不同,对沙卵石的输移量也会产生一定影响。第五章对 1♯均匀沙在非恒定流作用下的输沙量进行了探讨,由于其进口加沙,输沙率总体变化不呈现衰减趋势,而本章中 3♯沙卵石在非恒定清水作用下输沙率总体呈衰减变化,为了比较两种不同级配的床沙在非恒定泄水波作用下输沙量的差异,选取 3♯沙卵石非恒定清水试验中前若干个泄水波引起的输沙量变化与 1♯均匀沙进行比较,考虑到均匀沙单波输沙量是按 100 个泄水波输沙量平均得到,结合图 6.10 中沙卵石单波输沙量随泄水波个数的变化,取前 100 个泄水波输沙量的平均值作为沙卵石受泄水波影响的单波输沙量(尚未完全粗化)。

表 6.2 列出了非恒定泄水波引起两种不同级配的床沙的输沙量,可以看出,两种不同级配的床沙(d_{50}相同,σ_g不同)在泄水波流量过程一致(基流流量 Q_b、峰值流量 Q_p、周期 T)的前提下,引起单波的输沙量明显不同,从量值上来看,泄水波引起的 3♯沙卵石输沙量明显大于 1♯均匀沙,究其原因,试验初期泄水波能引起 3♯沙卵石中较粗颗粒的输移,泄水波输移沙卵石的中值粒径大于初始床沙中径(与均匀沙中径相同)(图 6.5)。

根据两种级配的床沙输移试验资料,分析泄水波输沙量 W_b 与径流量 $\widetilde{Q}$、非恒定参数 P、床沙级配(d_{50}、σ_g)的关系,这些水沙参数可由下述无量纲参数表示:输沙量强度参数 W_b^*(式 5.15,包含 W_b、d_{50})、径流量强度参数 W_k(式 5.16,包含 $\tilde{Q}$)、非恒定参数 P(式 2.1)、几何均方差 σ_g,并可表示为下述关系式:

$$W_b^* = a_1 W_k^{a_2} P^{a_3} \sigma_g^{a_4} \tag{6.4}$$

式中,a_1、a_2、a_3、a_4 为待定系数,由试验资料确定。

表 6.2 均匀沙与沙卵石单波输沙量比较(泄水波流量过程一致)

1# 均匀沙(d_{50}=3.2 mm,σ_g=1.20)					3# 沙卵石(d_{50}=3.2 mm,σ_g=2.22)				
试验组次	Q_b (l/s)	Q_p (l/s)	$\tilde{Q}$ (m³)	W_b (kg)	试验组次	Q_b (l/s)	Q_p (l/s)	$\tilde{Q}$ (m³)	W_b (kg)
SNM1	43.94	118.68	5.579	0.786	UNM1	43.99	119.06	5.579	0.822
SNM2	45.27	103.52	5.738	0.481	UNM2	45.10	103.85	5.748	0.598
SNM3	44.37	89.75	5.675	0.126	UNM3	44.71	89.93	5.682	0.404
SNM4	43.64	80.10	5.716	0.059	UNM4	44.29	80.01	5.725	0.295

注:试验组次 UNM1~UNM4 输沙量根据前 100 个泄水波的输沙量平均得到。

根据试验实测资料对其进行回归分析(图 6.14),确定了各待定系数,得到反映径流量 $\tilde{Q}$、非恒定参数 P、床沙级配(d_{50}、σ_g)对非恒定泄水波输沙量影响的经验关系式:

$$W_b^* = 24.99 W_k^{0.54} P^{2.38} \sigma_g^{0.23} \tag{6.5}$$

由式(6.5)可以看出,水流非恒定性越强、或者下泄径流量越大、亦或床沙越不均匀,引起床沙的输移量也越大,同时从式中各参数的指数值可以看出,泄水波的平均非恒定性(P)对输沙量起主导作用,其次是泄水波的径流量($\tilde{Q}$)、床沙的非均匀性(σ_g)对输沙的影响最小。

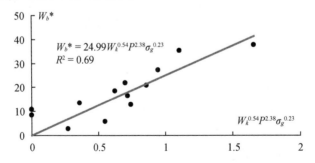

图 6.14 输沙量强度参数 W_b^* 与径流量强度参数 W_k、非恒定参数 P、几何均方差 σ_g 关系

根据试验资料,相关分析平均单宽输沙率强度参数$\overline{g_b}^*$(式5.23)与单宽流量强度参数$\overline{q}^*$(式5.24)、非恒定参数P、几何均方差σ_g的关系(图6.15),得到经验关系式:

$$\overline{g_b}^* = 0.015\,\overline{q}^{*1.4}P^{1.84}\sigma_g^{0.05} \tag{6.6}$$

式(6.5)同样表明泄水波的平均非恒定性(P)对泄水波平均输沙率起主导作用,其次是泄水波的径流量($\widetilde{Q}$),床沙的非均匀性(σ_g)对输沙的影响最小。

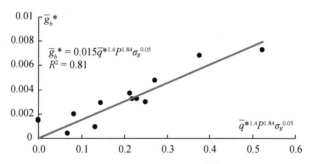

图 **6.15** 平均单宽输沙率强度参数$\overline{g_b}^*$与单宽流量强度参数$\overline{q}^*$、非恒定参数 **P**、几何均方差 σ_g 关系

6.3 非恒定清水作用下沙卵石输沙率

前已述及,恒定流清水冲刷沙卵石输沙率随时间呈衰减过程,其单宽输沙率可表示为

$$g_b = g_{b0\,\max}e^{-ct} \tag{6.7}$$

式中:$g_{b0\max}$为试验初始阶段出现的单宽输沙率峰值;t为时间(s);c为衰减系数,由试验资料反求。根据试验资料得到恒定流试验组次 SNM1、SNM2 的衰减系数 c 分别为 0.000 08、0.000 13。

对于非恒定清水泄流过程而言,由于进口无泥沙补给,其输沙率也为衰减过程,值得注意的是,泄水波作用于沙卵石床面初期,床沙分选作用显著,输沙率峰值快速衰减直至某一动态平稳阶段(图6.7),输沙率随涨落水过程相应调整,各个泄水波涨落水过程的输沙率也整体发生衰减。参照恒定流清水输沙率公式(6.7),非恒定清水作用下推移质单宽输沙率可表示为

$$g_b\left(\frac{t}{T},i\right) = g_b\left(\frac{t}{T},1\right)e^{-ci} \tag{6.8}$$

式中：$g_b(t/T,i)$表示第 i 个泄水波作用下的推移质输沙率过程；t 表示泄水波周期内的时间；T 为泄水波周期；i 为泄水波个数，$i=1,2,3\cdots$；c 为衰减系数，根据输沙率峰值的衰减过程反求得到；$g_b(t/T,1)$ 为第一个泄水波的单宽输沙率。

泄水波作用于沙卵石床面初期，输沙率峰值快速衰减，至某一时段输沙率趋于动态平衡阶段，根据试验资料拟合得到输沙率的衰减系数 c 以及输沙率衰减波数 N（表6.3），输沙率衰减波数 N 反映了之后的泄水波作用下输沙率趋于动态平衡阶段。可以看出输沙率衰减系数 c 随非恒定参数 P 增加而快速减小，衰减波数 N 随 P 增大而线性增加，见图 6.16 其经验关系为

$$c = 10^{-5}P^{-3.11} \tag{6.9}$$

$$N = 438P - 79 \tag{6.10}$$

因而非恒定清水作用下推移质单宽输沙率可由下述经验关系式表示

$$
\begin{cases}
g_b\left(\dfrac{t}{T},i\right) = g_b\left(\dfrac{t}{T},1\right)\mathrm{e}^{-ci} & i \leqslant N \\
g_b\left(\dfrac{t}{T},i\right) = g_b\left(\dfrac{t}{T},N\right) & i \geqslant N
\end{cases}
\tag{6.11}
$$

式中：衰减系数 c 由式(6.9)确定；衰减波数 N 由式(6.10)确定。

表 6.3　各组试验输沙率衰减系数 c 及衰减波数 N

试验组次	非恒定参数 P	衰减系数 c	衰减波数 N
UNM1	0.45	0.000 2	117
UNM2	0.34	0.000 4	69
UNM3	0.26	0.000 8	32
UNM4	0.20	0.002 5	11

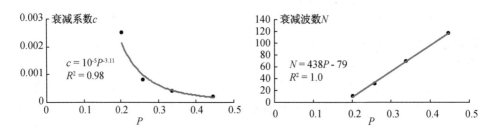

图 6.16　衰减系数 c、衰减波数 N 与水流非恒定参数 P 关系

6.4　本章小结

在底坡为 2.65‰ 的变坡水槽上开展了非恒定清水作用下的沙卵石($d_{50}=$ 3.2 mm,$\eta=1.76$,$\sigma_g=2.22$)输移试验,研究了非恒定清水作用下沙卵石的输移规律。

(1)恒定流条件时,床沙细颗粒中的较粗部分、以及粗颗粒中的较细部分被冲刷下移,随着床面的冲刷下切,水面比降减缓,冲刷他移级配较试验前床沙相比不断细化,相应地床面泥沙组成逐渐变粗,至输沙率较小时,试验前床沙级配、冲刷他移级配及试验后床沙级配形成 3 条具有显著差异的曲线,冲刷他移级配曲线及试验后床沙级配曲线分别位于试验前床沙级配曲线的左右侧,冲刷他移级配及试验后床沙级配趋向均匀。随着床面的逐渐粗化,输沙率变化、水面比降总体上呈递减趋势,由于近底流速的脉动性,输沙率波动性明显。

(2)平均流量与恒定流相同的非恒定流,冲刷他移级配明显粗于恒定流条件,床沙中较粗颗粒在泄水波作用下分时段向下输移,粗颗粒输沙量的大小与超过平均流量部分的流量的持续时间及流量大小有关,使得床面难以形成较为稳定的粗化层。当水流非恒定性较强时,水流输沙能力亦强,冲刷他移级配也明显粗于初始床沙级配。

(3)非恒定泄水波连续作用时,沙卵石输沙率峰值总体上呈衰减趋势。在非恒定泄水波作用于沙卵石床面初期,床沙分选作用显著,输沙率峰值、泄水波水面比降峰值的波动性明显;在输沙调整的中后期,输沙总体变化平稳,当泄水波涨水期水面比降峰值加大时,输沙率峰值相应加大,但输沙率峰值滞后于水面比降峰值。总体上输沙率峰值随涨水期水面比降峰值加大而增加。输沙率衰减系数 c 随非恒定流强度参数 P 增加而减小,衰减波数 N 随 P 增大而线性增加,非恒定清水作用下推移质单宽输沙率可由式(6.11)表示。

(4)当泄水波径流量相同时,水流非恒定强度越大,单波沙卵石输沙量也越大,输沙量也愈难趋于稳定,表明对于下泄径流量相同的泄水波,水流非恒定强度愈强,沙卵石床面愈难趋于粗化稳定。

(5)水流非恒定性越强、或者下泄径流量越大、亦或床沙越不均匀,引起床沙的输移量或泄水波平均输沙率也越大,泄水波的平均非恒定性(P)对泥沙输移起主导作用;其次是泄水波的径流量($\tilde{Q}$),床沙的非均匀性(σ_g)对输沙的影响最小。非恒定泄水波作用下沙卵石输沙量强度可由式(6.5)表示,泄水波平均单宽输沙率强度可由式(6.6)表示。

第七章 结论与展望

7.1 结论

水利枢纽下泄水流的非恒定性较强,对坝下游堤防、航道整治建筑物安全、河床演变等产生影响,研究枢纽下泄非恒定流的水力特性及其引起的输沙特性具有重要理论意义及实用价值。且枢纽下游水力要素随时间、空间不断发生变化,输沙过程也相应做出调整,非恒定流作用下的水沙运动规律远较恒定流复杂。本书采用理论分析结合水槽试验的手段,研究了粗糙床面非恒定流的水动力特性、非恒定流作用下沙卵石的输移规律,取得的主要成果如下:

(1) 构建了一套长 40 m、宽 0.8 m、深 0.8 m 的水槽非恒定流及其推移质输沙的控制与采集系统。采用调整电动执行器的开度生成非恒定流过程,超声波流量计量测流量,自动水位仪测量沿程水位,粒子图像速度场仪 PIV 测量沿水深方向的流场,天子天平、接沙漏斗及接沙容器测量推移质输沙率变化。系统可生成稳定可重复的非恒定流过程,各水沙要素可同步实时测量,为研究非恒定流作用下的水沙运动规律奠定了基础。

(2) 提出了表征枢纽下泄水流非恒定强度的无量纲参数 P[式(2.1)],该参数仅需确定泄水波作用下天然河道的水深、流量变化率及河宽等参数。

(3) 非恒定流粗糙床面垂线流速分布可由对数尾流公式表示,参数 B_r、Π 随涨落水过程发生变化,不同于均匀流条件。参数 B_r 随床面粗糙尺度 k_s^+($=k_s U_*/v$)的增加而减小,$B_r=8.88(1\pm13\%)$;外层区实测流速平均偏离对数分布不明显。近底流速 u_0 与垂线平均流速 U、床面切应力 τ_b 与 U^2 总体趋势呈线性关系,涨水期水流对床面切应力的累积作用强于落水期,涨落水期冲量之比 I_r/I_f 随非恒定参数 P 的加大而线性增加。非恒定流水位在传播过程中将在恒定流水面比降的基础上产生一附加比降。非恒定流传播过程中水面比降 J、摩阻流速 U_*、垂线平均流速 U、流量 Q、水深 h 等水力要素峰值出现不同步现象,水力要素峰值达到的先后顺序分别为 $J_{max} \to U_{*max} \to U_{max} \to Q_{max} \to h_{max}$,各水力要素变化的不同步使得其相互关系呈现绳套曲线关系,且引起涨水期水流的动力作用较落水期大。

（4）非恒定流作用下的推移质输移具有明显的随机性、间歇性与阵发性。非恒定作用下输沙率变化过程与水流条件具有不同步性，并与水流非恒定强度有关，$P>0.32$ 时，输沙率峰值一般滞后于水流参数峰值，当 $P<0.32$ 时，输沙率峰值可能出现先于水流参数到达峰值的现象。非恒定泄水波的输沙量与径流量、非恒定参数 P 有关，可由式（5.18）表示，单宽输沙率与单宽流量、非恒定参数 P 有关，可由式（5.25）表示，非恒定参数 P 对泥沙输移的影响敏感于流量。

（5）采用输沙率判别法对非恒定流作用下的泥沙起动问题进行了研究，表明涨水期泥沙起动条件与输沙率和水力要素的不同步有关；$P>0.32$ 时，输沙率滞后于来流过程，涨水期泥沙较难起动，起动难于恒定流条件；$P<0.32$ 时，试验实测输沙率峰值先于水流条件，涨水期泥沙较容易起动，起动易于恒定流条件。

（6）非恒定流作用下泥沙颗粒跃移过程中的竖向运动仅与颗粒脱离床面时的近底流速有关，颗粒纵向运动不仅同颗粒脱离床面时的近底流速有关，同时与颗粒脱离床面后的来流过程有关。在对颗粒力学分析的基础上，基于达朗贝尔原理推导得到流速线性增加或减小条件下的颗粒跃移高度、长度、运动速度的计算公式，在颗粒单步跃移平均运动速度的基础上推求得到非恒定流作用下均匀推移质输沙率公式。

（7）对于下泄径流量相同的泄水波，床沙中较粗颗粒在泄水波作用下分时段向下输移，水流非恒定强度愈强，沙卵石输移量愈难趋于稳定，床面也愈难趋于粗化稳定。水流非恒定性越强、或者下泄径流量越大、亦或床沙越不均匀，引起床沙的输移量或平均输沙率也越大，泄水波的平均非恒定性对泥沙输移起主导作用，其次是泄水波的径流量，床沙的非均匀性对输沙的影响最小，非恒定泄水波作用下沙卵石输沙量可由式（6.5）表示，泄水波平均单宽输沙率可由式（6.6）表示。

（8）清水冲刷水槽试验表明，恒定流沙卵石分组输移条件下，冲刷他移级配曲线及试验后床沙级配曲线分别位于试验前床沙级配曲线的左右侧，冲刷他移级配及试验后床沙级配趋向均匀；随着床面的逐渐粗化，输沙率变化、水面比降总体上呈递减趋势，由于近底流速的脉动性，输沙率波动性明显。非恒定泄水波连续作用时，沙卵石输沙率峰值总体上呈现衰减的趋势，清水冲刷初期，床沙分选作用显著，输沙率峰值、泄水波水面比降峰值的波动性明显；输沙率衰减系数 c 随非恒定参数 P 增加而减小，衰减波数 N 随 P 增大而线性增加，非恒定清水作用下推移质单宽输沙率可由式（6.11）表示。

7.2 展望

非恒定流及其输沙涉及影响因素多,问题复杂,本书虽然在某些方面取得了一些成果,但是仍有一些问题需要进一步深入研究:

(1)非恒定流动床面摩阻流速的确定问题。非恒定流作用下,床面推移质输移强度随涨落水过程不断发生变化,床面高度也相应发生调整,即理论零点不断发生改变,直接采用内层区对数流速分布公式反算摩阻流速可信度较差,如何准确确定非恒定动床面摩阻流速值得进一步研究。

(2)非恒定流作用下泥沙的起动问题。现有泥沙起动公式均基于恒定均匀流条件,本书采用输沙率判别法的手段对非恒定流泥沙起动问题进行了初探,该问题的解决尚需大量的理论与试验工作。

(3)非恒定流作用下推移质输移规律问题。对于水流非恒定性较弱时,本书及国内外部分学者试验中出现的输沙率峰值提前于水力要素峰值的现象,还需更多试验资料的印证,该现象背后的机理问题还有待深入研究。此外,有必要开展精细的水槽试验,量测非恒定流对泥沙颗粒受力、运动速度变化的影响,进一步探讨非恒定流对泥沙运动的作用机制。

参考文献

［ 1 ］周志德. 水库下游河床冲刷下切问题的探讨[J]. 泥沙研究,2003(5):28-31.

［ 2 ］Vericat D, Batalla R J, Garcia C. Breakup and reestablishment of the armour layer in a large gravel-bed river below dams: the lower Ebro[J]. Geomorphology, 2006,76(1): 122-136.

［ 3 ］Topping D J, Rubin D M, Vierra Jr L E. Colorado River sediment transport 1. Natural sediment supply limitation and the influence of Glen Canyon Dam[J]. Water Resources Research,2000,36(2):515-542.

［ 4 ］Williams G P, Wolman M G. Downstream effects of dams on alluvial rivers[M]. US Government Printing Office Washington, DC, 1984.

［ 5 ］Xu J. Underlying gravel layers in a large sand bed river and their influence on downstream-dam channel adjustment[J]. Geomorphology, 1996,17(4):351-359.

［ 6 ］黄颖,李义天,韩飞. 三峡电站日调节对下游河道水面比降的影响[J]. 水利水运工程学报,2004(3):62-66.

［ 7 ］牛兰花,张小峰,李云中. 三峡电站调峰试验两坝间非恒定流原型观测分析[J]. 人民长江,2006,37(12):24-27.

［ 8 ］卢金友. 水利枢纽下游河道水位流量关系的变化[J]. 水利水运科学研究,1994(Z1): 109-117.

［ 9 ］房丹,刘亚辉. 电站日调节非恒定流对系缆力的影响研究[J]. 船舶工程,2008,30(3): 68-72.

［10］刘亚,李义天,孙昭华. 电站日调节波对葛洲坝下游枯期通航条件影响[J]. 武汉大学学报:工学版,2009,42(2):147-152.

［11］曹民雄,马爱兴,胡金义. 电站日调节非恒定流对航道整治效果的影响[J]. 水利水运工程学报,2011(3):10-17.

［12］乐培九,王永成. 电站日调节泄流对下游航运影响及其防治措施[J]. 水道港口,2004, 25(S1):52-58.

［13］季荣耀,陆永军,左利钦. 水电枢纽下泄非恒定流作用下的航道整治研究[J]. 水利学报,2007(S1):318-323.

［14］Liu Z, Ma A, Cao M. Shuifu-Yibin channel regulation affected by unsteady flow released from Xiangjiba Hydropower Station[J]. Procedia Engineering, 2012,28(5):

18-26.

[15] 曹叔尤,刘兴年,方铎,等.山区河流卵石推移质的输移特性[J].泥沙研究,2000(4): 1-5.

[16] Plate E J. The need to consider non-stationary sediment transport[J]. International Journal of Sediment Research, 1994,9(3):117-123.

[17] Wang Z, Lin B, Nestmann F. Prospects and new problems of sediment research[J]. International Journal of Sediment Research, 1997,12(1):1-15.

[18] Nezu I, Kadota A, Nakagawa H. Turbulent structure in unsteady depth-varying open-channel flows[J]. Journal of Hydraulic Engineering, 1997,123(9):752-763.

[19] Chow V T, Maidment D R, Mays L W. Applied hydrology[M]. New York: McGraw-Hill, 1988.

[20] Graf W H, Suszka L. Unsteady flow and its effect on sediment transport[C]. In Proc., 21 th Congress, IAHR, Melbourne, Australia, 1985.

[21] Tu H, Graf W H. Friction in unsteady open-channel flow over gravel beds[J]. Journal of Hydraulic Research, 1993,31(1):99-110.

[22] Yen C L, Lee K T. Bed topography and sediment sorting in channel bend with unsteady flow[J]. Journal of Hydraulic Engineering, 1995,121(8):591-599.

[23] Song T, Graf W H. Velocity and turbulence distribution in unsteady open-channel flows[J]. Journal of Hydraulic Engineering, 1996,122(3):141-154.

[24] De Sutter R, Huygens M, Verhoeven R. Sediment transport experiments in unsteady flows[J]. International Journal of Sediment Research, 2001,16(1):19-35.

[25] Lee K T, Liu Y, Cheng K. Experimental investigation of bedload transport processes under unsteady flow conditions[J]. Hydrological Processes, 2004,18(13):2439-2454.

[26] 王志力,陆永军.向家坝水利枢纽下泄非恒定流的数值模拟[J].水利水电科技进展, 2008(3):12-15.

[27] 胡江,杨胜发,周华君.光滑明渠非恒定流变形特性研究[J].人民长江,2009(9): 89-91.

[28] 曹民雄,庞雪松,王秀红,等.向家坝水电站下游非恒定水沙特性研究[J].水利水运工程学报,2011(1):28-34.

[29] 刘春晶.明渠非恒定流运动规律及推移质输沙特性的试验研究[D].北京:清华大学水利工程,2005.

[30] Nezu I, Sanjou M. Numerical calculation of turbulence structure in depth-varying unsteady open-channel flows[J]. Journal of Hydraulic Engineering, 2006,132(7): 681-695.

[31] Qu Z. Unsteady open-channel flow over a mobile bed[D]. Lausanne, Switzerland: EPFL, 2003.

［32］Bombar G，Elci S，Tayfur G，et al. Experimental and numerical investigation of bed-Load transport under unsteady flows［J］. Journal of Hydraulic Engineering，2011,137 (10):1276-1282.

［33］Nezu I，Nakagawa H. Turbulence measurements in unsteady free-surface flows［J］. Flow Measurement and Instrumentation，1995,6(1):49-59.

［34］Tu H，Graf W H. Velocity distribution in unsteady openchannel flow over gravel beds ［J］. Journal of Hydroscience and Hydraulic Engineering，1992,10(1):11-25.

［35］Clauser F H. The turbulent boundary layer［J］. Advances in Applied Mechanics，1956, 4(1):1-51.

［36］Nezu I. Open-channel flow turbulence and its research prospect in the 21st century［J］. Journal of Hydraulic Engineering，2005,131(4):229-246.

［37］Nezu I，Rodi W. Open-channel flow measurements with a Laser Doppler Anemometer ［J］. Journal of Hydraulic Engineering，1986,112(5):335-355.

［38］Cardoso A H，Graf W H，Gust G. Steady gradually accelerating flow in a smooth open channel［J］. Journal of Hydraulic Research，1991,29(4):525-543.

［39］Dong Z，Ding Y. Turbulence characteristics in smooth open-channel flow［J］. Science in China (Series A)，1990,33(2):244-256.

［40］刘春晶,李丹勋,王兴奎.明渠均匀流的摩阻流速及流速分布［J］.水利学报,2005(8): 950-955.

［41］胡江,杨胜发.光滑明渠均匀紊流水流结构研究［J］.人民黄河,2009(3):23-25.

［42］Cardoso A H，Graf W H，Gust G. Uniform flow in a smooth open channel［J］. Journal of Hydraulic Research，1989,27(5):603-616.

［43］Roussinova V，Biswas N，Balachandar R. Revisiting turbulence in smooth uniform open channel flow［J］. Journal of Hydraulic Research，2008,46(S1):36-48.

［44］Afzal B，Faruque M A，Balachandar R. Effect of Reynolds number，near-wall perturbation and turbulence on smooth open-channel flows［J］. Journal of Hydraulic Research，2009,47(1):66-81.

［45］Song T，Graf W H，Lemmin U. Uniform flow in open channels with movable gravel bed［J］. Journal of Hydraulic Research，1994,32(6):861-876.

［46］董曾南,王晋军,陈长植,等.粗糙床面明渠均匀紊流水力特性［J］.中国科学:A辑, 1992,35(5):541-547.

［47］Kironoto B A，Graf W H，Reynolds. Turbulence characteristics in rough uniform open-channel flow［J］. Proceedings of the ICE—Water Maritime and Energy，1994,106(4): 333-344.

［48］Keulegan G H. Laws of turbulent flow in open channels［J］. Journal of the Franklin Institute，1939,227(1):119-120.

［49］董曾南,陈长植,李新宇.明槽均匀紊流的水力特性[J].水动力学研究与进展(A 辑),1994,9(1):8-22.

［50］Benedict B A, Christensen B A. Hydrodynamic lift on a stream bed [C]. Sedimentation-Symposium to Honor Professor HA Einstein, 1972.

［51］Tu H. Velocity distribution in unsteady flow over gravel beds [D]. Lausanne, Switzerland: EPFL, 1991.

［52］Brereton G J, Mankbadi R R. Review of recent advances in the study of unsteady turbulent internal flows[J]. Applied Mechanics Review, 1995,4(48):189-212.

［53］胡江.光滑明渠非恒定流传播特性及流速分布研究[D].南京:河海大学,2008.

［54］Onitsuka K, Nezu I. Effects of unsteadiness on von Karman constant in unsteady open-channel flows[C]. Proc., of the 28th IAHR congress, Graz, Austria, 1999.

［55］曹叔尤,方铎.河流动力学进展[J].水科学进展,1992(4):319-325.

［56］聂锐华,黄尔,刘兴年,等.非均匀沙卵石推移质输移随机特性研究[J].水利学报,2012,43(4):487-492+501.

［57］Cudden J R, Hoey T B. The causes of bedload pulses in a gravel channel: the implications of bedload grain-size distributions [J]. Earth Surface Processes and Landforms, 2003,28(13):1411-1428.

［58］Kuhnle R A, Southard J B. Bed load transport fluctuations in a gravel bed laboratory channel[J]. Water Resources Research, 1988,24(2):247-260.

［59］Hoey T B, Sutherland A J. Channel morphology and bedload pulses in braided rivers: a laboratory study[J]. Earth Surface Processes and landforms, 1991,16(5):447-462.

［60］唐日长.泥沙研究,葛洲坝工程丛书[M].北京:水利电力出版社,1990.

［61］秦荣昱,王崇浩.河流推移质运动理论及应用[M].北京:中国铁道出版社,1996.

［62］Wilcock P R. Critical shear stress of natural sediments [J]. Journal of Hydraulic Engineering, 1993,119(4):491-505.

［63］Egiazaroff I V. Calculationt of non-uniform sediment concentration [J]. Journal Hydraulic Division, 1965,4(91):225-247.

［64］Paintal A S. A stochastic model of bed-load transport [J]. Journal of Hydraulic Research, 1971,9(4):527-554.

［65］韩其为,何明民.泥沙运动统计理论[M].北京:科学出版社,1984.

［66］何文社,杨具瑞,方铎,等.泥沙颗粒暴露度与等效粒径研究[J].水利学报,2002(11):44-48.

［67］彭凯,陈远信.非均匀沙的起动问题[J].成都科技大学学报,1986(2):117-124.

［68］冷魁,王明甫.非均匀卵石河床床沙位置的分布特性[J].长江科学院院报,1993(4):35-42.

［69］方红卫.不均匀床沙组成及起动[J].水利学报,1994(4):43-49.

[70] 刘兴年,陈远信. 非均匀推移质输沙率[J]. 成都科技大学学报,1987(2):29-36.

[71] 杜国翰,彭润泽,吴德一. 都江堰工程改建和卵石推移质问题[J]. 泥沙研究,1980(1):12-22.

[72] Kuhnle R A. Incipient motion of sand-gravel sediment mixtures[J]. Journal of Hydraulic Engineering, 1993,119(12):1400-1415.

[73] Wilcock P R, Mcardell B W. Surface-based fractional transport rates:mobilization thresholds and partial transport of a sand-gravel sediment[J]. Water Resources Research,1993,29(4):1297-1312.

[74] Wilcock P R, Southard J B. Experimental study of incipient motion in mixed-size sediment[J]. Water Resources Research,1988,24(7):1137-1151.

[75] Sarker L K, Hossain M M, Haque M A. Shear stress for initiation for motion of non-uniform sediment mixtures[J]. International Journal of Sediment Research,2007,22(3):169-179.

[76] 秦荣昱. 不均匀沙的起动规律[J]. 泥沙研究,1980(1):83-91.

[77] 解刚,刘兴年. 非均匀沙分级起动切应力探讨[J]. 水利水电科技进展,2003(6):1-3+64.

[78] 何文社,方铎,刘兴年,等. 砾卵石起动临界条件[J]. 四川水力发电,2003(1):64-65+69-94.

[79] 何文社,方铎,杨胜发,等. 非均匀沙起动研究[J]. 水力发电学报,2002(2):72-77.

[80] 孙志林,谢鉴衡,段文忠,等. 非均匀沙分级起动规律研究[J]. 水利学报,1997(10):25-32.

[81] 郭志学,方铎,曹叔尤,等. 近底水流结构对非均匀沙起动影响的研究[J]. 四川大学学报(工程科学版),2002(6):24-27.

[82] 李文萍,曹叔尤,刘兴年. 泥沙颗粒形状对非均匀沙起动条件的影响[J]. 水科学进展,2007,18(3):342-345.

[83] 刘兴年,曹叔尤,黄尔,等. 粗细化过程中的非均匀沙起动流速[J]. 泥沙研究,2000(4):10-13.

[84] 吴宪生. 宽级配非均匀床沙双峰型的形成条件及起动规律[D]. 成都科技大学,1984.

[85] De Linares M, Belleudy P. Critical shear stress of bimodal sediment in sand-gravel rivers[J]. Journal of Hydraulic Engineering, 2007,133(5):555-559.

[86] Meyer-Peter E, Muller R. Formulas for bed-load transport[C]. Proc., 2nd Meeting, Intern. Assoc. Hyd. RES., 1948.

[87] 张瑞瑾,任国材. 评爱因斯坦关于推移质运动的理论兼论推移质运动过程[J]. 武汉水利电力学院学报,1965(4):1-16.

[88] 何明民,韩其为. 输沙率的随机模型及统计规律[J]. 力学学报,1980(3):252-260.

[89] Parker G. Surface-based bedload transport relation for gravel rivers[J]. Journal of

Hydraulic Research，1990，28(4)：417-436.

[90] Parker G，Dhamotharan S，Stefan H. Model experiments on mobile，paved gravel bed streams[J]. Water Resources Research，1982，18(5)：1395-1408.

[91] Wilcock P R，Crowe J C. Surface-based transport model for mixed-size sediment[J]. Journal of Hydraulic Engineering，2003，129(2)：120-128.

[92] Wilcock P R，Kenworthy S T. A two-fraction model for the transport of sand/gravel mixtures[J]. Water Resources Research，2002，38(10)：1194.

[93] Wilcock P R，Kenworthy S T，Crowe J C. Experimental study of the transport of mixed sand and gravel[J]. Water Resources Research，2001，37(12)：3349-3358.

[94] Duan J G，Barkdoll B D. Surface-based fractional transport predictor：deterministic or stochastic[J]. Journal of Hydraulic Engineering，2008，134(3)：350-353.

[95] 陆永军，张华庆. 非均匀沙推移质输沙率及其级配计算[J]. 水动力学研究与进展(A 辑)，1991(4)：96-106.

[96] Karim F. Bed material discharge prediction for nonuniform bed sediments[J]. Journal of Hydraulic Engineering，1998，124(6)：597-604.

[97] Kleinhans M G，Van Rijn L C. Stochastic prediction of sediment transport in sand-gravel bed rivers[J]. Journal of Hydraulic Engineering，2002，128(4)：412-425.

[98] 王协康，敖汝庄，方铎，等. 宽级配非均匀推移质输沙率的实验研究[J]. 四川联合大学学报(工程科学版)，1999(5)：101-105.

[99] 刘兴年. 沙卵石推移质运动及模拟研究[D]. 四川大学，2004.

[100] Li W，Cao S，Liu X. Bed Load Transport Rate in Scouring and Armoring Process of Non-uniform Sediment River Bed[J]. Journal of SiChuan University (Engineering Science Edition)，2005，4(37)：86-88.

[101] 尹学良. 清水冲刷河床粗化研究[J]. 水利学报，1963(1)：15-25.

[102] Gessler J. Self stabilizing tendencies of sediment mixture with large range of grain sizes [J]. Journal of Waterways and Harbors Division，1970，96(WW2).

[103] Odgaard A J. Grain-size distribution of river-bed armor layers[J]. Journal of Hydraulic Engineering，1984，110(10)：1479-1484.

[104] 刘兴年. 非均匀推移质输沙率及粗化稳定结构[D]. 成都科技大学，1986.

[105] Borah D K. Scour-depth prediction under armoring conditions[J]. Journal of Hydraulic Engineering，1989，10(115)：1421-1425.

[106] Jain S C. Armor or pavement[J]. Journal of Hydraulic Engineering，1990，116(3)：436-440.

[107] Codell R B，Abt S R，Johnson T，et al. Estimation of flow through and over armored slopes[J]. Journal of Hydraulic Engineering，1990，116(10)：1252-1269.

[108] 陆永军，张华庆. 清水冲刷宽级配河床粗化机理试验研究[J]. 泥沙研究，1993(1)：

68-77.

[109] 陆永军. 宽级配河床粗化稳定结构[J]. 水道港口,1990(4):17-23.

[110] 陆永军. 河床粗化研究的回顾及展望[J]. 水道港口,1990(3):29-40.

[111] 陆永军,张华庆. 恒定流中非均匀沙推移质不平衡输沙研究[J]. 水道港口,1991(2):9-16.

[112] Lu Y, Zhang H. Study on Non-equilibrium Transport of Non-uniform Bedload in Steady Flow[J]. Journal of Hydrodynamics, 1992,4(2):111-118.

[113] Chin C O, Melville B W, Raudkivi A J. Streambed armoring[J]. Journal of Hydraulic Engineering, 1994,120(8):899-918.

[114] 何文社,曹叔尤,张红武,等. 清水冲刷河床稳定粗化层级配计算[J]. 水力发电学报,2003(2):39-45.

[115] Shen H W, Lu J Y. Development and prediction of bed armoring[J]. Journal of Hydraulic Engineering, 1983,109(4):611-629.

[116] Lee H Y, Odgaard A J. Simulation of bed armouring in alluvial channels[J]. Journal of Hydraulic Engineering, 1986,112(9):794-801.

[117] 杨美卿,陈亦平. 卵石夹沙河床长期清水冲刷的数学模型[J]. 泥沙研究,1988(1):45-54.

[118] 杨美卿,王桂仙. 卵石夹沙河流动床泥沙数学模型研究[J]. 清华大学学报(自然科学版),1998,38(1):19-22.

[119] 张华庆,陆永军. 清水冲刷河床粗化数学模型[J]. 水动力学研究与进展(A辑),1992(4):412-419.

[120] 冷魁,王明甫. 河床冲刷粗化的随机模拟[J]. 水科学进展,1994,5(2):111-118.

[121] 胡海明,李义天. 河床冲刷粗化计算[J]. 泥沙研究,1996(4):70-77.

[122] 许全喜,张小峰,谈广鸣. 河床冲刷粗化多步预报模式研究[J]. 水科学进展,1999,10(1):42-47.

[123] 毛继新,韩其为. 水库下游河床粗化计算模型[J]. 泥沙研究,2001(1):57-61.

[124] 韩其为,向熙珑,王玉成. 床沙粗化[C]. 第二次河流泥沙国际学术讨论会论文集,北京:水利电力出版社,1983.

[125] 秦荣昱,胡春宏,梁志勇. 沙质河床清水冲刷粗化的研究[J]. 水利水电技术,1997(6):8-13.

[126] 杨美卿. 河床冲刷——粗化过程的水槽试验研究[R]. 清华大学水利水电工程系泥沙研究室,1991.

[127] 孙志林,孙志锋. 粗化过程中的推移质输沙率[J]. 浙江大学学报(理学版),2000(4):449-453.

[128] 乐培九,程小兵,朱玉德,等. 清水冲刷推移质输沙率变化规律[J]. 水道港口,2006(6):361-367.

[129] 杨克君. 复式河槽水流阻力及泥沙输移特性研究[D]. 四川大学,2006.

[130] Pender G, Hoey T B. Selective bedload transport during the degradation of a well sorted graded sediment bed[J]. Journal of Hydraulic Research, 2001,3(39):269-277.

[131] Church M. Stabilizing self-organized structures in gravel-bed stream channels: field and experimental observations[J]. Water Resources Research, 1998,11(34):3169-3179.

[132] Hassan M A, Church M. Experiments on surface structure and partial sediment transport on a gravel bed[J]. Water Resources Research, 2000,7(36):1885-1895.

[133] 孙志林,孙志锋. 粗化层试验与预报[J]. 水力发电学报,2000(4):40-48.

[134] 杨具瑞,徐一民,谭毅源,等. 粗化层破坏的试验研究和机理分析[J]. 水力发电学报,2008(3):115-119.

[135] 王涛,刘兴年,黄尔,等. 卵石河床清水冲刷粗化层破坏临界条件试验研究[J]. 四川大学学报(工程科学版),2008(4):36-40.

[136] 王兆印. 中德加强合作研究非恒定流输沙[J]. 泥沙研究,1996(1):47.

[137] 胡世雄,张庆河,白玉川. 河道治理应与自然环境协调一致[J]. 国际学术动态,2001(5):58-60.

[138] Williams G P. Sediment concentration versus water discharge during single hydrologic events in rivers[J]. Journal of Hydrology, 1989,111(1-4):89-106.

[139] Admiraal D M, Garcia M H, Rodriguez J F. Entrainment response of bed sediment to time-varying flows[J]. Water Resources Research, 2000,36(1):335-348.

[140] De Sutter R, Verhoeven R, Krein A. Simulation of sediment transport during flood events: laboratory work and field experiments[J]. Hydrological Sciences Journal, 2001,46(4):599-610.

[141] 齐璞,孙赞盈,侯起秀,等. 黄河洪水的非恒定性对输沙及河床冲淤的影响[J]. 水利学报,2005(6):637-643.

[142] Ahanger M A, Asawa G L, Lone M A. Experimental study of sediment transport hysteresis[J]. Journal of Hydraulic Research, 2008,46(5):628-635.

[143] Ribberink J S. Bed-load transport for steady flows and unsteady oscillatory flows[J]. Coastal Engineering, 1998,34(1-2):59-82.

[144] Blondeaux P, Vittori G. The formation of tidal sand waves: steady versus unsteady approaches[J]. Journal of Hydraulic Research, 2009,47(2):213-222.

[145] Hsu T, Hanes D M. Effects of wave shape on sheet flow sediment transport[J]. Journal of Geophysical Research, 2004,109(C05025):1-15.

[146] Tregnaghi M, Marion A, Coleman S. Scouring at bed sills as a response to flash floods [J]. Journal of Hydraulic Engineering, 2009,135(6):466-475.

[147] Tregnaghi M, Marion A, Coleman S, et al. Effect of flood recession on scouring at bed sills[J]. Journal of Hydraulic Engineering, 2010,136(4):204-213.

[148] Lai J S, Chang W Y, Yen C L, et al. Maximum local scour depth at bridge piers under unsteady flow[J]. Journal of Hydraulic Engineering, 2009,135(7):609-614.

[149] Tsujimoto T, Graf W H, Suszka L. Bed-load transport in unsteady flow[C]. Proc. 6th Congress of Asian and Pacific Regional Division of IAHR, Kyoto, Japan, 1988.

[150] Reid I, Frostick L E, Layman J T. The incidence and nature of bedload transport during flood flows in coarse-grained alluvial channels[J]. Earth Surface Processes and Landforms, 1985,10(1):33-44.

[151] Kuhnle R A. Bed load transport during rising and falling stages on two small streams [J]. Earth Surface Processes and Landforms, 1992,17(2):191-197.

[152] Suszka L, Graf W H. Sediment transport in steep channels at unsteady flow[C]. In Proceedings of 22nd Congress IAHR on Fluvial Hydraulics, Lausanne, Switzerland, 1987.

[153] Song T, Graf W H. Experimental study of bed load transport in unsteady open-channel flow[J]. International Journal of Sediment Research, 1997,12(3):63-71.

[154] Bestawy A, Torfs H, Berlamont J. Bed load transport by flood waves[C]. Developments in Computer Aided Design and Modelling for Civil Engineering, Edinburgh:Civil-Comp Press, 1995.

[155] De Sutter R, Huygens M, Verhoeven R. Unsteady flow sediment transport in a sewer model[J]. Water Science and Technology, 1999,39(9):121-128.

[156] 刘春晶,曲兆松,李丹勋,等.明渠非恒定流推移质输沙试验研究[J].水力发电学报,2006(2):31-37.

[157] Wu W, Altinakar M, Sam S Y. Depth-average analysis of hysteresis between flow and sediment transport under unsteady conditions[J]. International Journal of Sediment Research, 2006,21(2):101-112.

[158] 程小兵,王艳华,乐培九.非恒定流清水冲刷输沙规律初步研究[J].泥沙研究,2011(3):10-16.

[159] Wang Z, Kron W, J. Plate E. An experimental study of bed deformation in unsteady and non-uniform flows[J]. International Journal of Sediment Research, 1994,9(3):206-215.

[160] 王兆印,徐永年,苏晓波.挟沙水流的冲刷率及河床惯性的研究[J].泥沙研究,1998(2):1-9.

[161] Cokgor S, Diplas P. Bed load transport in gravel streams during floods[C]. Proceedings of World Water and Environmental Resources Congress, Orlando:ASCE, 2001.

[162] Reid I, Laronne J B, Powell D M. Flash-flood and bedload dynamics of desert gravel-bed streams[J]. Hydrological Processes, 1998,12(4):543-557.

[163] Reid I, Powell D M, Laronne J B. Prediction of bed-load transport by desert flash

floods[J]. Journal of Hydraulic Engineering，1994,122(3):170-173.

[164] 曲兆松,李丹勋,彭述明,等.都江堰河床质级配和推移质输沙率研究[J].水力发电学报,1999(3):62-70.

[165] Tsujimoto T, Mori A, Okabe T，et al. Non-equilibrium sediment transport：a generalized model[J]. Journal of Hydroscience and Hydraulic Engineering，1990,7(2):1-25.

[166] Xu H, Lu J, Liu X. Non-uniform sediment incipient velocity[J]. International Journal of Sediment Research, 2008,23(1):69-75.

[167] 王兆印,宋振琪.非均匀非恒定流中泥沙运动规律初探[J].水利学报,1997(6):1-9.

[168] Yen C, Lee K T. Bed topography and sediment sorting in channel bend with unsteady flow[J]. Journal of Hydraulic Engineering，1995,121(8):591-599.

[169] Kuhnle R A. Bed forms in a sand-gravel stream with unsteady flows[C]. Proceedings of Joint Conference on Water Resource Engineering and Water Resources Planning and Management，Minneapolis，Minnesota:ASCE, 2000.

[170] Hassan M A, Egozi R, Parker G. Experiments on the effect of hydrograph characteristics on vertical grain sorting in gravel bed rivers[J]. Water Resources Research，2006,42 (W09408):1-15.

[171] Parker G，Hassan M, Wilcock P. 10 Adjustment of the bed surface size distribution of gravel-bed rivers in response to cycled hydrographs[J]. Developments in Earth Surface Processes，2007,11(07):241-285.

[172] 徐金寿,张仁贡.水电站计算机监控技术与应用[M].杭州:浙江大学出版社,2011.

[173] 王云莉.金沙江向家坝水电站下游近坝河段非恒定流水力学模型试验研究报告[R].重庆西南水运工程科学研究所,2003.

[174] 曹民雄,蔡国正,王秀红.乌江思林枢纽下游近坝段航道整治物理模型试验研究[R].南京水利科学研究院,2011.

[175] 刘临雄,吴绪权,严桂强.西江长洲水利枢纽下游航道整治工程模型试验研究水文地形原型观测及资料收集[R].广西梧州航道管理局,2012.

[176] 全国水雨情信息[EB/OL]. http://xxfb. hydroinfo. gov. cn/nindex_dataList. jsp？ type =1.

[177] 陆永军,王志力,高亚军,等.枢纽下泄非恒定水沙过程研究[R].南京水利科学研究院,2009.

[178] Phillips B C, Sutherland A J. Temporal lag effect in bed load sediment transport[J]. Journal of Hydraulic Research，1990,28(1):5-23.

[179] Wang X, Wang Z, Yu M, et al. Velocity profile of sediment suspensions and comparison of log-law and wake-law[J]. Journal of Hydraulic Research，2001,39(2):211-217.

[180] Keulegan G H. Laws of turbulent flow in open channels[J]. Journal of research of the National Bureau of Standards, 1938,227(1):119-120.

[181] Kironoto B A, Graf W H. Turbulence characteristics in rough uniform open-channel flow[J]. Proceedings of the Ice Water Maritime and Energy, 1994,106(4):333-344.

[182] 王殿常,王兴奎,李丹勋. 明渠时均流速分布公式对比及影响因素分析[J]. 泥沙研究, 1998(3):88-92.

[183] Parker G, Klingeman P C, Mclean D G. Bedload and size distribution in paved gravel-bed streams[J]. Journal of the Hydraulics Division, 1982,4(108):544-571.

[184] White W R, Day T J. Transport of gravel bed material [G]. USA: John Wiley & Sons, 1982.

[185] Parker G. Hydraulic geometry of active gravel rivers[J]. Journal of Hydraulic Engineering, 1979,9(105):1185-1201.

[186] Cao Z, Pender G, J M. Explicit formulation of the shields diagram for incipient motion of sediment[J]. Journal of Hydraulic Engineering, 2006,132(10):1097-1099.

[187] Rodriguez J F, Admiraal D M, Lopez F, et al. Unsteady bed shear stresses induced by navigation: laboratory observations[J]. Journal of Hydraulic Engineering, 2002, 128 (5):515-526.

[188] Graf W H, Song T. Bed-shear stress in non-uniform and unsteady open-channel flows [J]. Journal of Hydraulic Research, 1995,33(5):699-704.

[189] TU H, Graf W H. Friction in unsteady open-channel flow over gravel beds[J]. Journal of Hydraulic Research, 1993,31(1):99-110.

[190] 窦国仁. 推移质泥沙运动规律[R]. 南京:南京水利科学研究所,1965.

[191] 李昌华,孙梅秀. 床面上泥沙绕流上举力系数的间接确定[J]. 泥沙研究,1984(4): 60-63.

[192] Yalin M S. Mechanics of sediment transport[M]. New York: Pergamon Press, 1972.

[193] 张瑞瑾. 河流泥沙动力学[M]. 北京:中国水利水电出版社,2005.

[194] 胡春宏. 水流中推移质颗粒跃移规律的力学和统计分析[D]. 清华大学水利系,1989.